CÁLCULO II

**Funciones en Varias Variables
Métodos de Integración**

CÁLCULO II

Funciones en Varias Variables
Métodos de Integración

Christiaan Ketelaar

Universidad Francisco Marroquín

Editorial **ARJÉ**

Cálculo II.
© Christiaan Ketelaar Editorial Arjé
6703 NW St.
Miami, Florida, 33126, USA
http://editorialarje.com
Email: mailto:cfketelaar@ufm.edu
ISBN-13: 979-8590674176
ISBN-10: 8590674176
Diagramación y Diseño de la portada: Isabel Urizar, DISMA

Todos los derechos reservados. No está permitida la reproducción total o parcial de este libro, ni su tratamiento informático, ni la transmisión de ninguna forma o por cualquier medio, ya sea electrónico, mecánico, por fotocopia, por registro u otros métodos, sin el permiso previo y por escrito del autor.

Contenido

1. Funciones de varias variables   [2] (2.8) — 9
2. Curvas de Nivel   [2] (2.8) — 17
3. Derivadas Parciales   [2] (17.1) — 21
4. Aplicaciones de las Derivadas Parciales   [2] (17.2) — 27
5. Productos Sustitutos y Complementarios   [2] (17.2) — 31
6. Derivación Parcial Implícita   [2] (17.3) — 35
7. Derivadas Parciales de Orden Superior   [2] (17.4) — 39
8. Regla de la Cadena   [2] (17.5) — 43
9. Máximos y mínimos, funciones multivariables   [2] (17.6) — 47
10. Multiplicadores de Lagrange   [2] (17.7) — 55
11. Diferenciales   [2] (14.1) — 61
12. La Integral Indefinida   [2] (14.2) — 63
13. Integración con condiciones iniciales   [2] (14.3) — 67
14. Regla de Sustitución   [2] (14.4) — 71
15. Aplicaciones de la Integración   [2] (14.3) — 77
16. Integrales Definidas   [2] (14.6) — 81
17. La Integral Definida como un Área   [2] (14.6) — 87
18. Áreas entre Curvas   [2] (14.9) — 93
19. Curva de Desigualdad de Lorenz   [2] (14.9) — 101
20. Excedente del Consumidor y del Productor   [2] (14.10) — 103
21. Funciones Trigonométricas   [1] (1) — 107
22. Derivadas de Funciones Trigonométricas   [1] (3) — 113
23. Integrales de Funciones Trigonométricas   [1] (3) — 117
24. Integración de potencias impares de seno y coseno   [1] (5) — 119

25. Integración de potencias pares de seno y coseno [1] (6) — 121

26. Integración de potencias de secante y tangente [3] (7.2) — 123

27. Sustitución Trigonométrica [1] (10) — 125

28. Integración por partes [1] (8) — 133

29. Integración de Funciones Racionales [1] (12) — 137

A. Apéndice: Reglas Básicas de Derivación — 147

B. Apéndice: Reglas Básicas de Integración — 149

C. Apéndice: Resumen de las Técnicas de Integración — 151

D. Funciones Trigonométricas Inversas — 153

1. Funciones de varias variables [2] (2.8)

Función de una variable

Una función de una variable $y = f(x)$ relaciona cada elemento x del conjunto X a lo máximo con un elemento del conjunto Y. En este caso x es la variable independiente e y es la variable dependiente.

El dominio de una función de una variable es un subconjunto de los números reales, generalmente un intervalo o unión de intervalos.

La gráfica de una función $f : X \to Y$ consiste de todos los pares ordenados de la forma $(x, f(x))$ donde x está en el dominio de f.
La gráfica de una función de una variable es una curva en el plano.

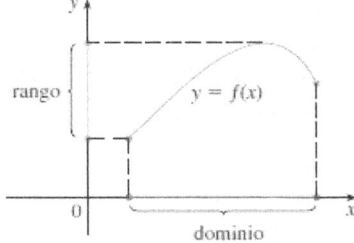

Extensión a una función de dos variables

Una función puede tener un dominio, cuyos elementos son pares ordenados (x, y).

> La función $f : X \times Y \to Z$, es una regla que asigna a cada elemento (x, y) presente en el conjunto $X \times Y$ a lo sumo UN elemento z del conjunto Z denotado por $f(x, y)$.

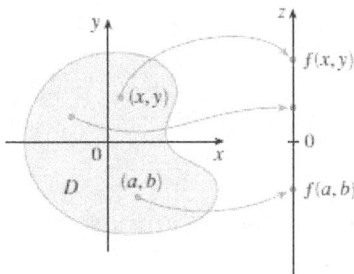

En este caso $z = f(x, y)$ tiene dos variables independientes x, y & una variable dependiente z.

El dominio de una función de dos variables consiste de los pares ordenados (x,y). para los cuales $f(x,y)$ está definida. El dominio de una función de dos variables es un subconjunto del plano cartesiano $\mathbb{R}^2$ y y se extienden de intervalos (1-D) a regiones (2-D).

La gráfica de $z = f(x,y)$ consiste de todas las triplas ordenadas de la forma $(x, y, f(x))$, donde $f(x,y)$ está en el dominio de f, por lo que estas gráficas son superficies en el espacio en vez de curvas en el plano.

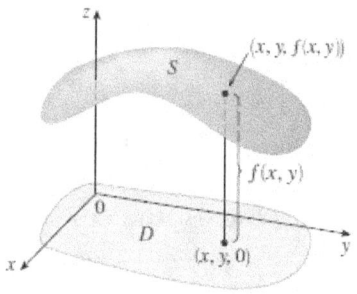

Funciones de varias variables

> Para los conjuntos $X_1, X_2, \cdots, X_n$ de números reales, $f : X_1 \times X_2 \times \cdots X_n \to Y$ es una regla en la cual cada $n-tupla$ ordenada $(x_1, x_2, \cdots, x_n)$ tiene a lo sumo UN elemento del conjunto Y denotado como $f(x_1, x_2, \cdots, x_n)$.

Se utilizan funciones de varias variables porque existen varios fenómenos sociales y económicos que dependen de varios factores.

Ejercicio 1: Encuentre y bosqueje el dominio de las siguientes funciones de dos variables.

a. $C(x,y) = 20x + 15y$

    Como $C(x,y)$ está definida para cualquier número real.
    El dominio de C es $\mathbb{R}^2 = (-\infty, \infty) \times (-\infty, \infty)$.
    El dominio de C es todo el plano cartesiano $\mathbb{R}^2$.

b. $z(x,y) = \dfrac{8}{x^2 + y^2}$

    $z(x,y)$ sólo se puede indefinir si su denominador es igual a cero.
    $x^2 + y^2 = 0$ sólo cuando $x = y = 0$.

    El dominio de C es $\mathbb{R}^2 - \{0\}$.
    El dominio de C es todo el plano cartesiano excluyendo el origen.

c. $R(x,y) = \sqrt{9 - x^2 - y^2}$

R está definida cuando $9 - x^2 - y^2 \geqslant 0 \quad x^2 + y^2 \leqslant 9$.

El dominio es un círculo de radio 3, incluyendo su circunferencia.
$$\mathbb{D} = \{ (x,y) \quad \text{tal que} \quad x^2 + y^2 \leqslant 9 \}$$

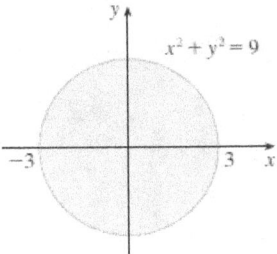

d. $z = \dfrac{(x+4)(y+2)}{(y-2)(x-4)}$

e. $z = \dfrac{9}{9 - x - y}$

Observación: En una función de dos variables el orden de las variables es importante
$$f(a,b) \neq f(b,a)$$
Por ejemplo, en $C(x,y) = 20x + 15y, \quad C(1,2) \neq C(2,1)$
$$C(1,2) = 20 + 30 = 50$$
$$C(2,1) = 40 + 15 = 55$$

Sistema Rectangular en tres dimensiones

La gráfica de una función de dos variables consiste en triplas ordenadas (x, y, z) de números reales, por lo que se requiere de un sistema **coordenado rectangular en tres dimensiones**.

Este sistema coordenado tiene tres ejes mutuamente perpendiculares, conocidos como el eje x (transversal), y (horizontal), y z (vertical).

La intersección entre los tres ejes es el origen $O(0, 0, 0)$.

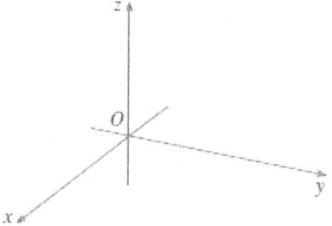

A cada punto punto P en el espacio se les puede asignar una tripla ordenada.
El punto (a, b, c) se identifica midiendo a unidades en x, b unidades en y y c unidades en z.

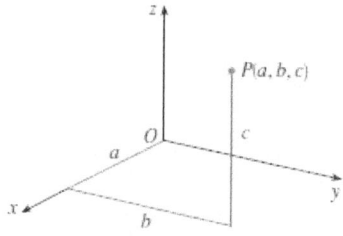

Ejercicio 2: Identifique los siguientes puntos en el sistema de coordenadas proporcionado.
a. $(0, 0, 0)$ b. $(1, 0, 0)$ c. $(-1, 1, 0)$ d. $(2, 0, 1)$ e. $(1, 2, 1)$ f. $(1, 3, -1)$

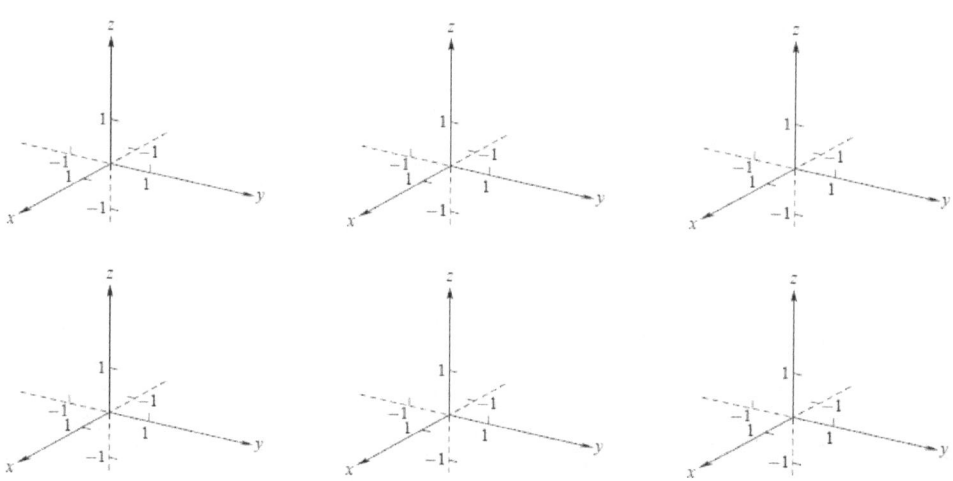

Planos Coordenados

Los tres ejes dividen al espacio en ocho octantes.

El primer octante $x \geq 0$, $y \geq 0$, $z \geq 0$ es el más usado y se puede pensar como un cuarto limitado por el piso $z = 0$, la pared izquierda $y = 0$, y la pared trasera (right wall) $x = 0$.

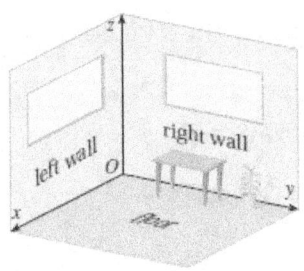 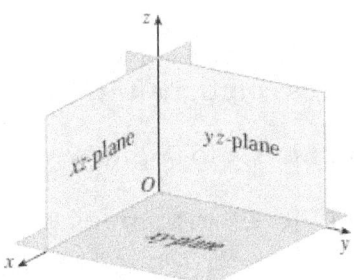

Los planos coordenados contienen dos de los ejes. Hay tres en total:

- **Plano** xy: determinado por los ejes x & y, en este caso $z = 0$ (el suelo).
- **Plano** xz: determinado por los ejes x & z, en este caso $y = 0$ (la pared izquierda).
- **Plano** yz: determinado por los ejes y & z, en este caso $x = 0$ (la pared trasera).

Las siguientes ecuaciones describen planos paralelos a los ejes coordenados.

- $z = a$ Plano paralelo al plano xy (techo con altura $a > 0$).
- $y = b$ Plano paralelo al plano xz (pared derecha $b > 0$).
- $x = c$ Plano paralelo al plano yz (pared frontal $c > 0$).

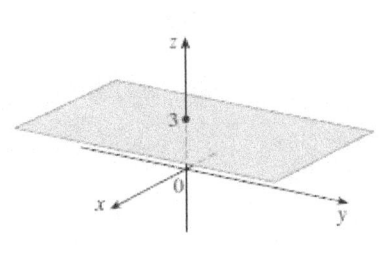 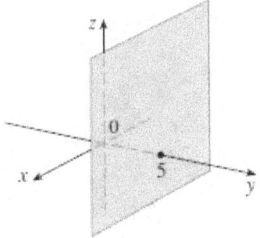 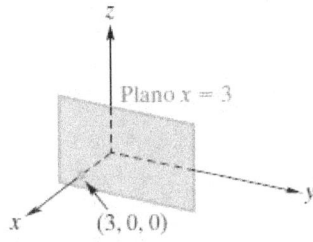

Plano $z = 3$ Plano $y = 5$ Plano $x = 3$

Ecuación de un Plano en el espacio

La forma general de la ecuación de un plano en el espacio es una ecuación lineal en x, y, z

$$ax + by + cz = D \qquad a, b, c, D \in \mathbb{R}$$

Si por lo menos dos de los coeficientes a, b, c son diferentes de cero, se obtiene un plano que no es paralelo a ninguno de los planos coordenados.

Para graficar estos planos es conveniente encontrar las intersecciones con los ejes x, y, z y las trazas con los ejes coordenados.

- **Intersección Eje x:** los puntos $(a, 0, 0)$ de la gráfica de $z = f(x, y)$.
- **Intersección Eje y:** los puntos $(0, b, 0)$ de la gráfica de $z = f(x, y)$.
- **Intersección Eje z:** los puntos $(0, 0, c)$ de la gráfica de $z = f(x, y)$.

Ejercicio 3: Bosqueje el plano $3x + 2y + z = 6$ en el primer octante.

Primero encuentre los interceptos con los ejes.

- Eje x: $\quad y = z = 0 \quad 3x = 6 \quad \to \quad (2, 0, 0)$
- Eje y: $\quad x = z = 0 \quad 2y = 3 \quad \to \quad (0, 3, 0)$
- Eje z: $\quad x = y = 0 \quad z = 6 \quad \to \quad (0, 0, 6)$

Al conectarse los tres puntos por medio de líneas rectas se obtiene la gráfica del plano.

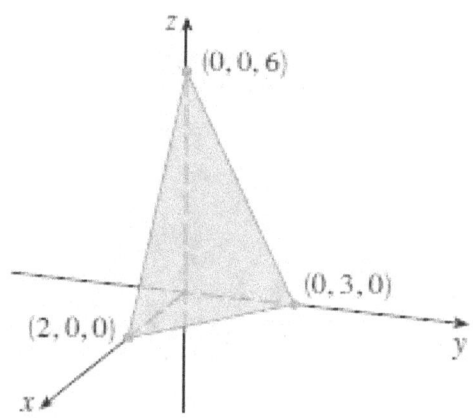

Ejercicio 4: Bosqueje el plano $y = x$ en el primer octante.

Primero encuentre los interceptos con los ejes.

- Eje x: Sea $y = z = 0 \quad 0 = x \quad \to \quad$ el origen $(0, 0, 0)$
- Eje y: Sea $x = z = 0 \quad y = 0 \quad \to \quad$ el origen $(0, 0, 0)$
- Eje z: Sea $x = y = 0 \quad 0 = 0 \quad \to \quad$ cualquier punto sobre el eje z $(0, 0, c)$

Para graficar el plano $y = x$, grafique $y = x$ en el suelo, luego continúe subiendo esta recta a lo largo del eje-z.

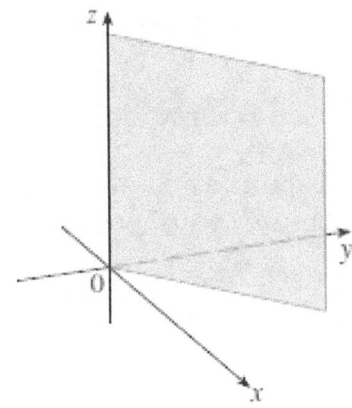

Gráficas de superficies comunes

a. La curva $z = x^2$.   Dominio $\mathbb{R}^2$

Cuando $y = 0$, se bosqueja la parábola $z = x^2$ en el plano xz (la pared izquierda). Aunque y cambia de valor, se mantiene la misma ecuación $z = x^2$ a lo largo del eje y, por lo gráfica de esta superficie se genera al desplazar la parábola a lo largo del eje y.

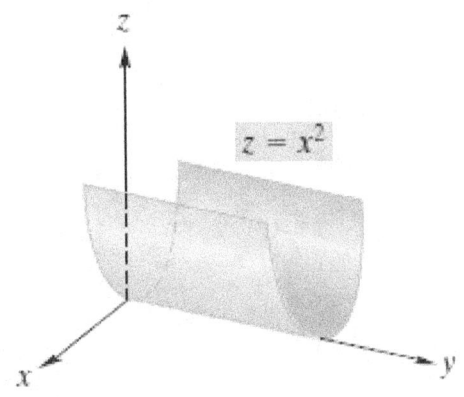

b. **Esfera de radio r centrada en el origen $(0,0,0)$:** $x^2 + y^2 + z^2 = r^2$.

El dominio de esta superficie es un círculo de radio r $x^2 + y^2 \leqslant r^2$.

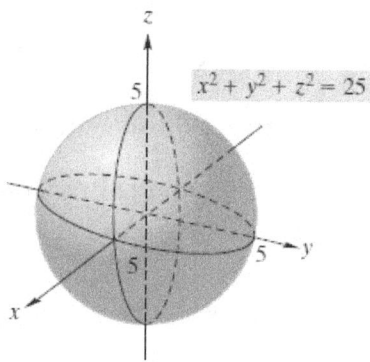

Esfera de radio $r = 5$

La gráfica de una esfera no corresponde a la de una función de dos variables por que un par ordenado (x,y) puede tener dos valores de z.

Por ejemplo, el Polo Norte $(0,0,r)$ y el Polo Sur $(0,0,-r)$ son dos puntos en la gráfica de la esfera.

c. **Semiesfera superior de radio r:**   es una función de dos variables y se obtiene al despejar $+z$ en la ecuación de la esfera.

$$f(x,y) = +\sqrt{r^2 - x^2 - y^2}$$

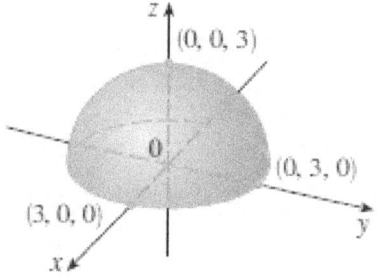

Semiesfera $f(x,y)$ de radio $r = 3$

2. Curvas de Nivel [2] (2.8)

La construcción de la gráfica de la superficie $z = f(x, y)$ en papel resulta un reto. Por tal razón, una función $z = f(x, y)$ también se puede representar en dos dimensiones usando curvas de nivel.

> Las **curvas de nivel** de una función de dos variables, son el conjunto de curvas para las cuales $f(x, y) = k$, donde k es una constante en el rango de f.

Como se observa en la figura las curvas de nivel se obtienen al rebanar horizontalmente la superficie para diferentes valores de z y graficar cada curva "'rebanada" en el plano xy.

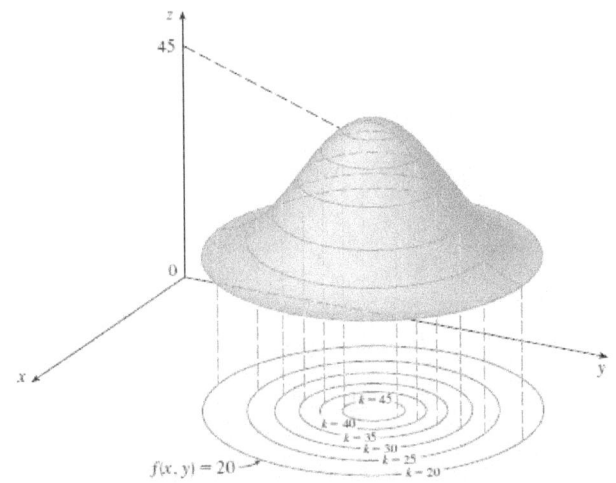

Ilustración de las curvas de nivel de $z = f(x, y)$

En economía, las curvas de nivel también se conocen como **isocuantas** y tienen diferentes interpretraciones de acuerdo al contexto:

- **Curvas de indiferencia:** selección de combinación de dos bienes x, y que producen la misma utilidad, $U(x, y) = k$.

- **Curvas de isocosto:** combinación de dos factores de producción x, y que tienen el mismo costo, $C(x, y) = k$.

- **Curvas de isobeneficio:** combinación de dos factores de producción x, y que producen el mismo beneficio o ingreso, $I(x, y) = k$.

Ejercicio 5: *Grafique las curvas de nivel de las sigs. funciones para los valores de z dados.*

a. $z = 6 - 3x - 2y \qquad z = -6,\ 0,\ 6,\ 12$

Para encontrar las curvas de nivel, sea $z = k$ y resuelva para y.

$$\begin{aligned} k &= 6 - 3x - 2y \\ 2y &= 6 - k - 3x \\ y &= 3 - \frac{k}{2} - \frac{3}{2}x \end{aligned}$$

Las curvas de nivel son rectas con pendiente negativa de 1.5 e intercepto $3 - 0.5k$.

$$\begin{array}{ll} k = -6 & \quad y = 6 - 1.5x \\ k = 0 & \quad y = 3 - 1.5x \\ k = 6 & \quad y = 0 - 1.5x \\ k = 12 & \quad y = -3 - 1.5x \end{array}$$

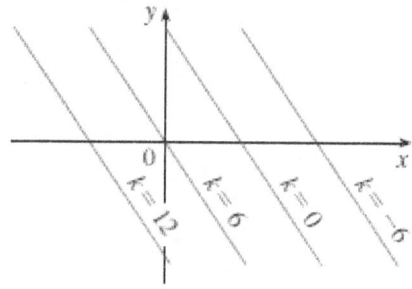

b. $z = x^2 + y^2 \qquad z = 1,\ 4,\ 9,\ 16,\ 25$

Para encontrar las curvas de nivel, sea $z = k$ y note que las curvas de nivel son circunferencias de radio $\sqrt{k}$ con centro en $(0,0)$.

$$\begin{array}{lll} & x^2 + y^2 = k & \\ k = 1 & x^2 + y^2 = 1^2 & \text{Radio } 1 \\ k = 4 & x^2 + y^2 = 2^2 & \text{Radio } 2 \\ k = 9 & x^2 + y^2 = 3^2 & \text{Radio } 3 \\ k = 16 & x^2 + y^2 = 4^2 & \text{Radio } 4 \\ k = 25 & x^2 + y^2 = 5^2 & \text{Radio } 5 \end{array}$$

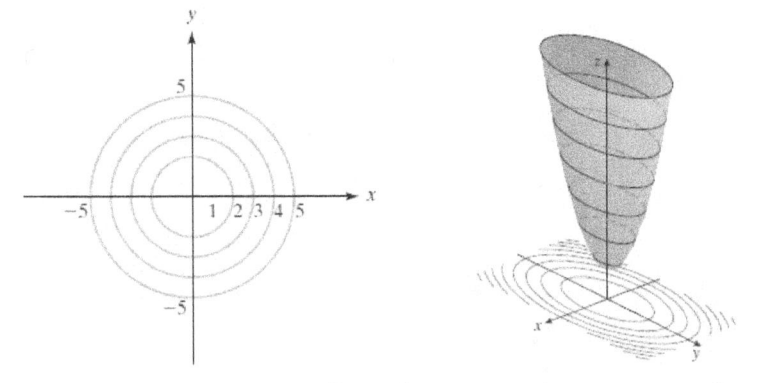

Curvas de nivel de $z = x^2 + y^2$ Gráfica de $z = x^2 + y^2$

Función de Producción Cobb-Douglas

Sea K la inversión en capital ó maquinaria, y L la inversión en mano de obra.

Si los insumos no son ni complementarios ni sustitutos perfectos, el nivel de producción $P(K, L)$ se puede representar por medio de una función de producción Cobb-Douglas.

$$P(K, L) = A K^\alpha L^\beta \qquad A \text{ es una constante}$$

Estas funciones de producción son difíciles de visualizar en tres dimensiones pero utilizando curvas de nivel se puede visualizar cuántos insumos K y L se necesitan para producir P_o unidades.

En particular, las curvas de nivel $P(K, L) = P_o$ para la función $P(K, L) = K^{1/4} L^{3/4}$ son funciones racionales $K = \dfrac{P_o^4}{L^3}$ con las siguientes asíntotas:

- Vertical en $L = 0$, si no se invierte en mano de obra no se puede producir.
- Horizontal en $K = 0$, si no se invierte en capital no se puede producir.

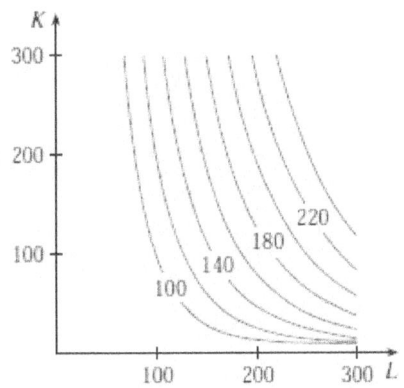

Curvas de nivel de $P(K, L) = K^{1/4} L^{3/4}$

Dado un costo de mano de obra unitario w (wages) y un costo de capital r (generalmente, una tasa de interés), las empresas tienen una restricción presupuestaria B_o.

La empresa o industria debe seleccionar cúanto adquirir en capital K y cúanta mano de obra L para maximizar el nivel de producción P.

Por ejemplo, si $w = 20$, $r = 6$ y $B_o = 10,000$.
Se tiene el siguiente problema de optimización, el cual se puede resolver con Cálculo.

$$\begin{aligned} \max \quad P(K,L) &= K^{1/4}L^{3/4} \\ \text{S.T.} \quad 10,000 &= 20L + 6K \end{aligned}$$

3. Derivadas Parciales [2] (17.1)

Para una función de una variable, $y = f(x)$, la definición de la función derivada $f'(x)$ es:

$$f'(x) = \lim_{h \to 0} \frac{f(x+h) - f(x)}{h}$$

La definición de derivada se puede extender para una función de dos variables $z = f(x, y)$, pero en este caso habría más de una derivada (conocidas como derivadas parciales), una respecto a la variable x, denotada como $f_x(x, y)$, y otra respecto a la variable y, denotada como $f_y(x, y)$.

> **Derivadas parciales de f**
>
> Sea $z = f(x, y)$,
>
> La derivada parcial de f con respecto a x, f_x es:
>
> $$f_x(x, y) = \lim_{h \to 0} \frac{f(x+h, y) - f(x, y)}{h}$$
>
> La derivada parcial de f con respecto a y, f_y es:
>
> $$f_y(x, y) = \lim_{h \to 0} \frac{f(x, y+h) - f(x, y)}{h}$$
>
> siempre que cada límite exista.
>
> Estas funciones se conocen como las **derivadas parciales** de f.

Observe que cuando se calcula una derivada parcial, sólo una variable cambia mientras que la otra permanece constante, lo anterior nos permite encontrar las derivadas parciales de una función utilizando las reglas de derivación ya conocidas.

> **Procedimiento para encontrar derivadas parciales**
>
> - Para encontrar f_x trate a y como *una constante* y derive f con respecto a x.
> - Para encontrar f_y trate a x como *una constante* y derive f con respecto a y.

Ejercicio 1: Encuentre las derivadas parciales de las siguientes funciones.

a. $f(x,y) = 2x^2 + 3xy$

$$\begin{aligned} f_x(x,y) &= 4x + 3y \\ f_y(x,y) &= 0 + 3x \end{aligned}$$

b. $g(x,y) = (x^2+1)^3 + (y^4-4)^4 + 5x^2y^3$

c. $h(s,t) = \dfrac{s^2+10}{t^4+4}$

Se utiliza el símbolo delta ∂ para distinguir entre una derivada ordinaria $\dfrac{dy}{dx}$ y una derivada parcial $\dfrac{\partial y}{\partial x}$.

Se utilizan las siguientes notaciones para denotar las derivadas parciales.

Derivada parcial de f o z

Respecto a x	Respecto a y
$f_x(x,y)$	$f_y(x,y)$
$\dfrac{\partial}{\partial x} f(x,y)$	$\dfrac{\partial}{\partial y} f(x,y)$
$\dfrac{\partial z}{\partial x}$	$\dfrac{\partial z}{\partial y}$

Derivada parcial de f o z evaluada en (a,b)

Respecto a x	Respecto a y
$f_x(a,b)$	$f_y(x,y)$
$\left.\dfrac{\partial f}{\partial x}\right|_{(a,b)}$	$\left.\dfrac{\partial f}{\partial y}\right|_{(a,b)}$
$\left.\dfrac{\partial z}{\partial x}\right|_{x=a,\,y=b}$	$\left.\dfrac{\partial z}{\partial y}\right|_{x=a,\,y=b}$

Reglas de Derivación Derivadas Parciales

Se tienen las mismas reglas que para las derivadas de funciones de una variable.

$$\text{Suma:} \quad \frac{\partial}{\partial x}\left[f(x,y)+g(x,y)\right] = f_x(x,y)+g_x(x,y)$$

$$\text{Producto Escalar:} \quad \frac{\partial}{\partial x}\left(cf(x,y)\right) = cf_x(x,y)$$

$$\text{Producto:} \quad \frac{\partial}{\partial x}\left[f(x,y)g(x,y)\right] = \frac{\partial f}{\partial x}g + f\frac{\partial g}{\partial x}$$

$$\text{Cociente:} \quad \frac{\partial}{\partial x}\left(\frac{f(x,y)}{g(x,y)}\right) = \frac{f_x g - f g_x}{g^2}$$

$$\text{Cadena:} \quad \frac{\partial}{\partial x}f[\,(g(x,y)\,)\,] = f_x[g(x,y)]\,g_x(x,y)$$

Ejercicio 2: Encuentre las derivadas parciales de las siguientes funciones.

a. $f(x,y) = \sqrt{x^2+y^2}\ \ln(x^4+y^4)$

b. $g(x,y) = \dfrac{1+x+y}{1-x-y}$

c. $h(s,t) = e^{s^2 t^3}$

Derivadas parciales para funciones de más de 2 variables

El concepto de derivada parcial se puede ampliar para encontrar las derivadas parciales de funciones de más de 2 variables. siempre hay que tener presente que al derivarse respecto a una variable, el resto de variables se tratan como "*constantes.*"

> Una función de tres variables $U = f(x, y, z)$ tiene tres derivadas parciales.
>
> - $\dfrac{\partial U}{\partial x}$ se tratan a y, z como constantes y se deriva U con respecto a x.
>
> - $\dfrac{\partial U}{\partial y}$ se tratan a x, z como constantes y se deriva U con respecto a y.
>
> - $\dfrac{\partial U}{\partial z}$ se tratan a x, y como constantes y se deriva U con respecto a z.

Las n derivadas parciales de una función de n variables se determinan de manera análoga.

Ejercicio 3: Encuentre las derivadas parciales de las siguientes funciones.

a. $f(x, y, z) = \sqrt[4]{x^4 + 8xz + 2y^2}$

$$\begin{aligned} f_x(x,y,z) &= (x^3 + 2z)\,(x^4 + 8xz + 2y^2)^{-3/4} \\ f_y(x,y,z) &= y\,(x^4 + 8xz + 2y^2)^{-3/4} \\ f_z(x,y,z) &= 2x\,(x^4 + 8xz + 2y^2)^{-3/4} \end{aligned}$$

b. $g(x, y, z) = e^x \sqrt{y + 2z}$

c. $h(w, x, y, z) = wx^2 y^3 z^4 \ln(x + wxyz)$

d. $U(r, s, t) = rst(r^2 + s^3 + t^4)$

Interpretación geométrica de la derivada parcial

En la siguiente figura se muestra la superficie $z = f(x, y)$ y el plano $y = b$ el cual es paralelo al plano xz. La intersección entre el plano $y = b$ y la superficie $z = f(x, y)$ es la curva descrita por la ecuación $z = f(x, b)$. Como b es constante, $z = f(x, b)$ puede considerarse como una función de una variable x.

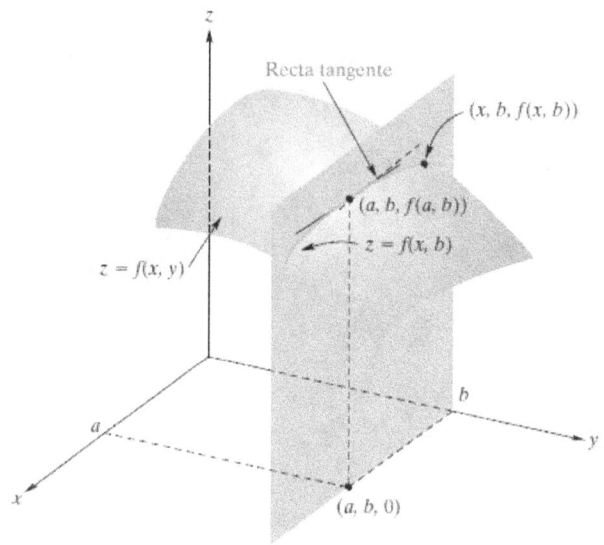

La pendiente de la recta tangente a esta curva en (a, b) se calcula como:

$$= \lim_{h \to 0} \frac{f(a+h, b) - f(a, b)}{h}$$

la cual es la derivada parcial de f con respecto a x en (a, b), $f_x(a, b)$.

Interpretación Geométrica: La derivada parcial de f respecto a x es la pendiente de la recta tangente a la gráfica de f en el punto $(a, b, f(a, b))$ en la dirección de x.

Del mismo modo, la derivada parcial de f respecto a y en (a, b), $f_y(a, b)$ es la pendiente de la recta tangente a la gráfica de f en la dirección de y.

Esta derivada parcial se puede visualizar al considerar la intersección entre la superficie z y el plano $x = a$, paralelo al plano xz (pared trasera).

La intersección es la curva $z = f(a, y)$, la cual está en función de y. La pendiente de la tangente a esta curva en (a, b) es $f_y(a, b)$.

4. Aplicaciones de las Derivadas Parciales [2] (17.2)

Ya conocemos que las derivadas parciales f_x, f_y pueden interpretarse geométricamente como las pendientes de las rectas tangentes a la superficie $z = f(x, y)$ en las direcciones de x & y, respectivamente.

En una derivada parcial el valor de una variable independiente cambia mientras que el valor de la otra variable independiente se mantiene fija, por lo que la derivada parcial se puede interpretar también como una **razón instantánea de cambio**.

- $\dfrac{\partial z}{\partial x}$ es la razón de cambio de z con respecto a x cuando y se *mantiene fija*.

- $\dfrac{\partial z}{\partial y}$ es la razón de cambio de z con respecto a y cuando x se *mantiene fija*.

Costo y Costo Marginal

Un fabricante produce x unidades del producto X y y unidades del producto Y. El costo conjunto o total $C(x, y)$ es una función de dos variables.

El **costo marginal** (parcial) con respecto a x es la razón de cambio de C con respecto a x cuando y se *mantiene constante*.

$$CM_x = \frac{\partial C(x, y)}{\partial x}$$

El costo marginal CM_x se interprete como el costo adicional de producir una unidad adicional de x cuando se producen (x, y) unidades de cada bien.

El **costo marginal** (parcial) con respecto a y es la razón de cambio de C con respecto a y cuando x se *mantiene constante*.

$$CM_y = \frac{\partial C(x, y)}{\partial y}$$

Si el costo de producir depende de n productos, se tendría que determinar un costo marginal parcial para cada producto $\dfrac{\partial C}{\partial x_i}$.

Ejercicio 1: Para las funciones de costos totales, encuentre los costos marginales para el nivel de producción dado. Interprete cada resultado.

a. $C(x,y) = 7x + 0.5x^2 + 4y + y^2 + 200$ para $x = 10, y = 10$

$$\frac{\partial C}{\partial x} = 7 + x \qquad\qquad \left.\frac{\partial C}{\partial x}\right|_{x=10, y=10} = 17$$

$$\frac{\partial C}{\partial y} = 4 + 2y \qquad\qquad \left.\frac{\partial C}{\partial y}\right|_{x=10, y=10} = 24$$

- Dado un nivel de producción de 10 unidades de x & y, el costo adicional de producir una unidad adicional en x es de $17.
- Dado un nivel de producción de 10 unidades de x & y, el costo adicional de producir una unidad adicional en y es de $24.

b. $C(x,y,z) = 2x\sqrt{x+y} + xz^{3/2} + 6{,}000$ para $(24, 40, 16)$.

c. $C(x,y) = 7{,}000 + 10(x+y) - 0.5(x+2y)^2 + 0.1(2x+y)^3$ para $x = 6,\ y = 4$.

Producción

La fabricación de un producto depende de muchos factores de producción. Entre éstos se encuentran la mano de obra, el capital, el terreno, la maquinaria, etc.

Los modelos de producción de corto plazo generalmente toman en cuenta sólo dos factores de producción el trabajo L y el capital K los cuales se pueden adquirir o vender en cualquier momento en el mercado.

Considere la función de producción $P = f(L, K)$.

- **Productividad Marginal del Trabajo:** $PML = \dfrac{\partial P}{\partial L}$

- **Productividad Marginal del Capital:** $PMK = \dfrac{\partial P}{\partial K}$

La PML mide en cuánto aumenta la producción con una unidad adicional de trabajo, mientras que la PMK mide en cuánto aumenta la producción con una unidad adicional de capital.

Si una función de producción depende de otros factores, el producto marginal de este factor es simplemente la derivada parcial de la producción respecto a este factor de producción.

Una función de producción muy común es la función de producción Cobb-Douglas:
$$P = AK^\alpha L^\beta$$
la cual asume que la inversión en maquinaria y terreno se mantiene constante.

Los productos marginales son los siguientes:
$$\begin{aligned} PMK &= \alpha A K^{\alpha-1} L^\beta \\ PML &= \beta A K^\alpha L^{\beta-1} \end{aligned}$$

La producción ó **producto promedio respecto al trabajo** es $\dfrac{P}{L}$.

La producción ó **producto promedio respecto al capital** es $\dfrac{P}{K}$.

En el caso de las función Cobb-Douglas, los productos promedios son:
$$\begin{aligned} \dfrac{P}{K} &= AK^{\alpha-1} L^\beta \\ \dfrac{P}{L} &= AK^\alpha L^{\beta-1} \end{aligned}$$

La función Cobb-Douglas tiene las siguientes propiedades interesantes:

- El Producto Marginal del Trabajo es igual al producto promedio del trabajo por β

$$PML = \beta\frac{P}{L} = \beta A K^\alpha L^{\beta-1}$$

- El Producto Marginal del Capital es igual al producto promedio del trabajo por α

$$PMK = \alpha\frac{P}{K} = \alpha A K^\alpha L^{\beta-1}$$

- Si $\alpha + \beta = 1$ la producción total P se obtiene al sumar los productos marginales de cada factor por la cantidad adquirida de cada factor.

$$L\frac{\partial P}{\partial L} + K\frac{\partial P}{\partial K} = P$$

Ejercicio 2: Encuentre los productos marginales y promedio para las siguientes funciones.

a. $P(L, K) = 10 L^{0.35} K^{0.65}$

b. $P(L, K) = 15LK - 2.5L^2 + 5K^2 + 5,000$

5. Productos Sustitutos y Complementarios [2] (17.2)

Dos productos pueden estar relacionados de modo que los cambios en el precio de un producto afecten la demanda del otro.

Suponga que q_A y q_B son las cantidades demandadas de A y B y que p_A y p_B son sus respectivos precios.

En este caso las funciones de demanda tienen dos variables independientes.

- **Función de Demanda para A:** $q_A = f(p_A, p_B)$
- **Función de Demanda para B:** $q_B = f(p_A, p_B)$

Cada función de demanda tiene dos derivadas parciales, cuando el precio del mismo producto cambia la cantidad demandada siempre disminuye, es decir

$$\frac{\partial q_A}{\partial p_A} < 0 \qquad \frac{\partial q_B}{\partial p_B} < 0$$

Excepto en los casos muy especiales de bienes Giffen o los bienes de lujo Veblen.

Cuando el precio del otro producto cambia y el precio del mismo producto se mantiene constante, la cantidad demandada del bien cambiara dependiendo de la relación ente ambos.

- Demanda marginal para A con respecto a p_B: $\dfrac{\partial q_A}{\partial p_B}$

- Demanda marginal para B con respecto a p_A: $\dfrac{\partial q_B}{\partial p_A}$

Dependiendo del signo de la parcial se obtienen los siguientes tipos de productos:

- **Productos Sustitutos o Competitivos:** $\dfrac{\partial q_B}{\partial p_A} > 0$

    Un incremento en el precio de B causa un incremento en la cantidad demandada del bien A si el precio de A no cambia, (se adquiere el sustituto más barato.)

- **Productos Complementarios:** $\dfrac{\partial q_B}{\partial p_A} < 0$

    Un incremento en el precio de B disminuye la cantidad demandada del bien A si el precio de B no cambia, (los consumidores compran menos del otro porque están comprando menos del bien complementario.)

- **Productos Independientes:** $\dfrac{\partial q_B}{\partial p_A} = 0$

Un incremento en el precio de B no afecta la cantidad demandada del bien A.

Ejercicio 1: *Dadas las demandas, encuentre las cuatro funciones de demanda marginal. Determine si A y B son productos competitivos, complementarios o independientes.*

a. $q_A = 1,500 - 40p_A + 3p_B$, $q_B = 900 + 5p_A - 20p_B$

b. $q_A = \dfrac{100}{p_A p_B^{1/2}}$, $q_B = \dfrac{500}{p_A^{1/3} p_B}$

Elasticidades Cruzadas

Tenemos dos funciones de demanda para dos productos q_A y q_B que dependen de los precios de ambos productos p_A y p_B.

$$q_A = f(P_A, p_B)$$
$$q_B = g(P_A, p_B)$$

La **elasticidad parcial de la demanda** de A con respecto a p_A, $\eta_{p_A} < 0$, es:

$$\eta_{p_A} = \frac{p_A}{q_A} \frac{\partial q_A}{\partial p_A}$$

Note que esta definición es bastante similar a la definición de elasticidad de la demanda vista en la sección (2.3)

Con la elasticidad parcial η_{p_A} tenemos las mismas categorías de elasticidad.

- Inelástica $\quad |\eta_{p_A}| < 1$
- Unitaria $\quad |\eta_{p_A}| = 1$
- Elástica $\quad |\eta_{p_A}| > 1$

La **elasticidad parcial o cruzada** de la demanda de A con respecto a p_B, η_{p_B}, es:

$$\eta_{p_B} = \frac{p_B}{q_A} \frac{\partial q_A}{\partial p_B}$$

En este caso $\dfrac{\partial q_A}{p_B}$ puede ser positiva o negativa dependiendo de si los bienes son sustitutos o complementarios.

Podemos clasificar la relación entre dos bienes utilizando la **Elasticidad Cruzada**

- Complementarios $\quad \eta_{p_B} < 0$
- Independientes $\quad \eta_{p_A} = 0$
- Sustitutos $\quad \eta_{p_A} > 0$

También se pueden calcular las elasticidades parciales del segundo bien q_B respecto a p_A (cruzada) y p_B, por lo que hay 4 elasticidades parciales posibles entre 2 bienes.

Ejercicio 2: *Calcule las elasticidades parciales de q_A respecto a p_A y p_B para los precios dados. Clasifique la elasticidad η_{P_A} y determine si los bienes son complementarios o sustitutos.*

a. $q_A = 1,000 - 50p_A + 2p_B$, $p_A = 2$, $p_B = 10$

b. $q_A = 3\left(\dfrac{p_B}{p_A}\right)^{1/3}$, $p_A = 2$, $p_B = 54$

6. Derivación Parcial Implícita   [2] (17.3)

Forma Explícita de una función: La variable dependiente z está expresada en términos de las otras variables independientes, $z = f(x, y)$.

Ejemplos de formas explícitas:
$$z = 4x^2 + 9y^2, \qquad z = \sqrt{4 - w^2 - x^2 - y^2} + \ln(w^4 + x^4 + y^4 + 1)$$

Forma Implícita de una función: La ecuación no necesariamente define a la variable dependiente como función de las otras variables independientes.

Ejemplos de formas implícitas:
$$z^2 - x^2 - 4y^2 = 0, \qquad \ln(x + y + z) + xyz = ze^{x+y+z} + \ln(w^4 + x^4 + y^4 + 1)$$

En algunos casos es posible reescribir la forma implícita de una función $F(x, y, z) = 0$ como una forma explícita $z = f(x, y)$.

Por ejemplo, $z^2 - x^2 - 4y^2 = 0$ se puede escribir como dos funciones en z, $z = \pm\sqrt{x^2 + 4y^2}$.

Para encontrar la derivada parcial $\dfrac{\partial z}{\partial x}$, se derivan ambos lados de la ecuación respecto a x, la otra variable independiente y se trata como una constante, es decir $\dfrac{\partial y}{\partial x} = 0$.

El mismo procedimiento se utiliza para encontrar la derivada parcial $\dfrac{\partial z}{\partial y}$, se deriva respecto a y & x se mantiene constante.

Por ejemplo, encuentre las primeras derivadas parciales de $z^2 - x^2 - 4y^2 = 0$.

Derive ambos lados respecto a x: $\qquad \dfrac{\partial}{\partial x}(z^2 - x^2 - 4y^2) = \dfrac{\partial}{\partial x}(0)$

$$2z\dfrac{\partial z}{\partial x} - 2x - 0 = 0$$

Resuelva para $\dfrac{\partial z}{\partial x}$: $\qquad \dfrac{\partial z}{\partial x} = \dfrac{2x}{2z} = \dfrac{x}{z}$

El mismo procedimiento se repite para encontrar la derivada parcial de z respecto a y.

Derive ambos lados respecto a y: $\qquad \dfrac{\partial}{\partial y}(z^2 - x^2 - 4y^2) = \dfrac{\partial}{\partial y}(0)$

$$2z\dfrac{\partial z}{\partial y} - 0 - 8y = 0$$

Resuelva para $\dfrac{\partial z}{\partial y}$: $\qquad \dfrac{\partial z}{\partial y} = \dfrac{8y}{2z} = \dfrac{4y}{z}$

> El método que se utiliza para encontrar las derivadas parciales de una ecuación con forma implícita se conoce como **Derivación Parcial Implícita**.

Ejercicio 1: Encuentre las primeras derivadas parciales de z.

a. $\ln z + 9z - xy = 1$

b. $(z^2 + 6xy)\sqrt{x^4 + 5} = 2$

Ejercicio 2: *Evalúe las derivadas parciales indicadas para los valores dados de las variables.*

a. $e^{yz} = -xyz$, $\quad \dfrac{\partial z}{\partial x}$, $\quad x = -\dfrac{e^2}{2}$, $y = 1$, $z = 2$.

Utilice la regla del producto con cuidado para derivar yz & xyz respecto a x.

$$\frac{\partial}{\partial x}(yz) = y\frac{\partial z}{\partial x}$$

$$\frac{\partial}{\partial x}(xyz) = \frac{\partial z}{\partial x}yz + xy\frac{\partial z}{\partial x}$$

b. $\ln(x+y+z) + xyz = ze^{x+y+z}$, $\quad \dfrac{\partial z}{\partial y}$, $\quad x = z = 0$, $y = 1$.

Utilice la regla del producto para derivar ze^{x+y+z} respecto a y.

Ejercicio 3: *La función de costos conjuntos $C(q,r)$ para dos productos q & r se define en forma implícita mediante la ecuación:*

$$C + \sqrt{C} = 12 + q\sqrt{9 + r^2}$$

a. *Si $q = 6$, & $r = 4$, encuentre el valor de C.*

b. *Determine los costos marginales parciales cuando $q = 6$ y $r = 4$.*

7. Derivadas Parciales de Orden Superior [2] (17.4)

Para una función de dos variables, $z = f(x,y)$, sus derivadas parciales $f_x(x,y)$ y $f_y(x,y)$ también son funciones de dos variables y pueden tener sus propias derivadas parciales.

Al derivarse f_x y f_y, se obtienen las derivadas parciales de segundo orden.

$$f_{xx} = (f_x)_x = \frac{\partial}{\partial x}\left(\frac{\partial f}{\partial x}\right) = \frac{\partial^2 f}{\partial x^2}$$

$$f_{xy} = (f_x)_y = \frac{\partial}{\partial y}\left(\frac{\partial f}{\partial x}\right) = \frac{\partial^2 f}{\partial y \partial x}$$

$$f_{yx} = (f_y)_x = \frac{\partial}{\partial x}\left(\frac{\partial f}{\partial y}\right) = \frac{\partial^2 f}{\partial x \partial y}$$

$$f_{yy} = (f_y)_y = \frac{\partial}{\partial y}\left(\frac{\partial f}{\partial y}\right) = \frac{\partial^2 f}{\partial y^2}$$

Para encontrar f_{xy} primero se deriva f con respecto a x y después con respecto a y.

Generalización a derivadas parciales de n-ésimo orden

Las derivadas parciales de segundo orden también tienen derivadas parciales, las cuales se conocen como *derivadas parciales de tercer orden*. Si se continuan derivando estas funciones se obtienen las parciales de cuarto orden y así sucesivamente.

Por ejemplo,

$$f_{xxy} = \frac{\partial^3 z}{\partial y \partial x^2} = \frac{\partial}{\partial y}\left(\frac{\partial^2 f}{\partial x^2}\right)$$

$$f_{yyzz} = \frac{\partial^4 z}{\partial f^2 \partial y^2} = \frac{\partial^2}{\partial z^2}\left(\frac{\partial^2 f}{\partial y^2}\right)$$

Ejercicio 1: Encuentre las cuatro derivadas parciales de segundo orden de las sigs. funciones.

a. $f(x,y) = 2x^3y^2 + 6x^2y^3 - 3xy$

$$f_x = 6x^2y^2 + 12xy^3 - 3y$$
$$f_y = 4x^3y + 18x^2y^2 - 3x$$
$$f_{xx} = 12xy^2 + 12y^3 - 0$$
$$f_{xy} = 12x^2y + 36xy^2 - 3$$
$$f_{yx} = 12x^2y + 36xy^2 - 3$$
$$f_{yy} = 4x^3 + 36x^2y^2 - 0$$

b. $f(x,y) = \ln(x^2 + y^2) + 2$

Las derivadas parciales f_{yx} y f_{xy} se conocen como **derivadas parciales mixtas**.

Si f es continua en el punto (x, y), entonces las derivadas parciales mixtas son iguales.

$$f_{yx} = f_{xy}$$

Del mismo modo, $\quad f_{xyz} = f_{yzx} = f_{zxy}$.

Ejercicio 2: En los siguientes problemas, encuentre el valor de la derivada parcial indicada.

a. $f(x,y,z) = z^3(3x^2 - 4xy^3), \quad f_{xyz}(1,2,3)$

b. $P(L, K) = 3L^3K^6 - 2.5L^2K^7$, $\quad \dfrac{\partial^2}{\partial K^2}\left(\dfrac{\partial P}{\partial L}\right)\bigg|_{L=2,\ K=1}$

Ejercicio 3: Suponga que el costo de producir q_1 unidades del producto A y q_2 unidades del producto B está dado por:

$$C = 6(3q_1^2 + q_2^3 - 14)^{1/3} + 20$$

La función de demanda de cada producto es $q_1 = 20 - p_1$, $q_2 = 20 - p_2^2$.

Observe que ambos bienes son independientes $\dfrac{\partial q_1}{\partial p_2} = \dfrac{\partial q_2}{\partial p_1} = 0$.

Encuentre $C_{q_2 q_2}$ cuando los precios son $p_1 = 15$, $p_2 = 4$.

8. Regla de la Cadena [2] (17.5)

Si $y = f(x)$ y $x = g(t)$, entonces $y = f(g(t))$ puede verse también como una función de t.

Por la regla de la cadena

$$\frac{dy}{dt} = \frac{dy}{dx}\frac{dx}{dt}$$
$$y \to x \to t$$

La regla de la cadena se puede generalizar para funciones de varias variables.

Caso 1: Sea $z = f(x,y)$, $x = g(t)$, $y = h(t)$. Las variables x,y se conocen como variables intermedias porque z es función de x,y y éstas a su vez son funciones de t.

Si las tres funciones son derivables, la derivada de $z = f(x(t), y(t))$ respecto a t es:

$$\frac{dz}{dt} = \frac{\partial z}{\partial x}\frac{dx}{dt} + \frac{\partial z}{\partial y}\frac{dy}{dt}$$

Los diagramas de árboles son útiles para construir la regla de la cadena para los diferentes casos.

Se dibujan flechas desde la variable dependiente hasta las intermedias, y desde las variables intermedias hasta las variables independientes.

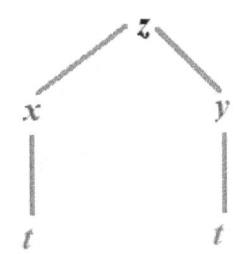

Para cada trayecto de z a t se utiliza la regla de la cadena.

Trayecto 1:
$$z \to x \to t$$
$$\frac{\partial z}{\partial x}\frac{dx}{dt}$$

Trayecto 2:
$$z \to y \to t$$
$$\frac{\partial z}{\partial y}\frac{dy}{dt}$$

Sume todos los trayectos para encontrar que:

$$\frac{dz}{dt} = \frac{\partial z}{\partial x}\frac{dx}{dt} + \frac{\partial z}{\partial y}\frac{dy}{dt}$$

Caso 2: Sea $z = f(x,y)$, $x = g(s,t)$, $y = h(s,t)$.

Variable dependiente: z, Variables intermedias: x,y, Variables independientes: s,t.

Usando el diagrama de árbol

$$\frac{\partial z}{\partial s} = \frac{\partial z}{\partial x}\frac{\partial x}{\partial s} + \frac{\partial z}{\partial y}\frac{\partial y}{\partial s}$$

$$\frac{\partial z}{\partial t} = \frac{\partial z}{\partial x}\frac{\partial x}{\partial t} + \frac{\partial z}{\partial y}\frac{\partial y}{\partial t}$$

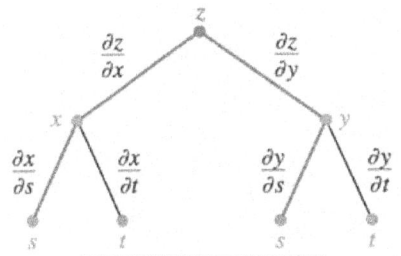

Ejercicio 1: Suponga que el costo de producir x unidades del producto A & y unidades del producto B es: $\quad C(x,y) = (3x^2 + y^3 + 4)^{1/3}$.

Las funciones de producción para cada producto son: $\quad x = 10KL, \quad y = 5K^2 + 4L$.
Encuentre la razón de cambio de C respecto al capital y al trabajo.

Variable dependiente: $\qquad\qquad C$
Variables intermedias: $\qquad\quad x \qquad y$
Variables independientes: $\quad K, L \qquad K, L$

El diagrama de árbol es el mismo que el de dos variables intermedias y dos independientes.

$$\frac{\partial C}{\partial K} = \frac{\partial C}{\partial x}\frac{\partial x}{\partial K} + \frac{\partial C}{\partial y}\frac{\partial y}{\partial K}$$

$$\frac{\partial C}{\partial K} = 2x(3x^2 + y^3 + 4)^{-2/3}\, 10K \;+\; y(3x^2 + y^3 + 4)^{-2/3}\, 10K$$

$$\frac{\partial C}{\partial L} = \frac{\partial C}{\partial x}\frac{\partial x}{\partial L} + \frac{\partial C}{\partial y}\frac{\partial C}{\partial L}$$

$$\frac{\partial C}{\partial L} = 2x(3x^2 + y^3 + 4)^{-2/3}\, 10L \;+\; y(3x^2 + y^3 + 4)^{-2/3}\, 4$$

Ejercicio 2: El costo (en Q) de producir x lapiceros negros e y azules es:

$$C(x,y) = \sqrt{xy}\,(2x + 4y)$$

Las funciones de demanda para cada libro son las siguientes:

$$x(p_1, p_2) = 16 - 2p_1^2 + p_2^4, \qquad\qquad y(p_1, p_2) = \sqrt{13 + p_1^2 - p_2^2}.$$

Encuentre la razón de cambio del costo respecto al primer precio cuando $p_1 = 2$ y $p_2 = 1$.

Ejercicio 3: Suponga que $z = f(u,v,w)$ y que u,v,w son funciones de t.
Traze el diagrama de árbol y encuentre la derivada de z respecto a t.

Variable dependiente: z
Variables intermedias: u v w
Variables independiente: t

$$\frac{dz}{dt} = \frac{\partial z}{\partial u}\frac{du}{dt} + \frac{\partial z}{\partial v}\frac{dv}{dt} + \frac{\partial z}{\partial w}\frac{dw}{dt}$$

Ejercicio 4: Suponga que $z = f(u,v,w)$ y que u,v,w son funciones de r,s,t.
Traze el diagrama de árbol y encuentre las derivadas parciales de z respecto a r,s,t.

Ejercicio 5: Encuentre las derivadas parciales indicadas para la función dada.

a. $w = \sqrt{x^2+y^2}$, $x = p^2 - q^3 + r - 1$, $y = \ln(p) + e^q + e^{\ln r}$.   Encuentre $\left.\dfrac{\partial w}{\partial p}\right|_{(p=1,q=0,r=3)}$.

b. Sea $h = 4 - t^2$, $t = 2a + 3b + 4c$, encuentre $\dfrac{\partial h}{\partial b}\bigg|_{(a=4, b=2, c=3)}$.

c. Sea $w = \ln(xyz)$, $x = r^2 - s^2$, $y = rs$, $z = r^2 + s^2$, encuentre $\dfrac{\partial w}{\partial r}$.

d. $u = \ln(x^2 + y^2 + z^2)$, $x = 2 - 3t$, $y = t^2 + 3$, $z = 4 - t$, encuentre $\dfrac{du}{dt}\bigg|_{t=2}$.

9. Máximos y mínimos, funciones multivariables [2] (17.6)

> Una función $z = f(x, y)$ tiene un **Máximo Relativo** en el punto (a, b) si
> $$f(a, b) \geqslant f(x, y)$$
> para todos los puntos (x, y) que están suficientemente cerca de (a, b).

Gráficamente un máximo relativo se visualiza como la cima de una montaña mientras que un mínimo relativo se visualiza como el fondo de un abismo.

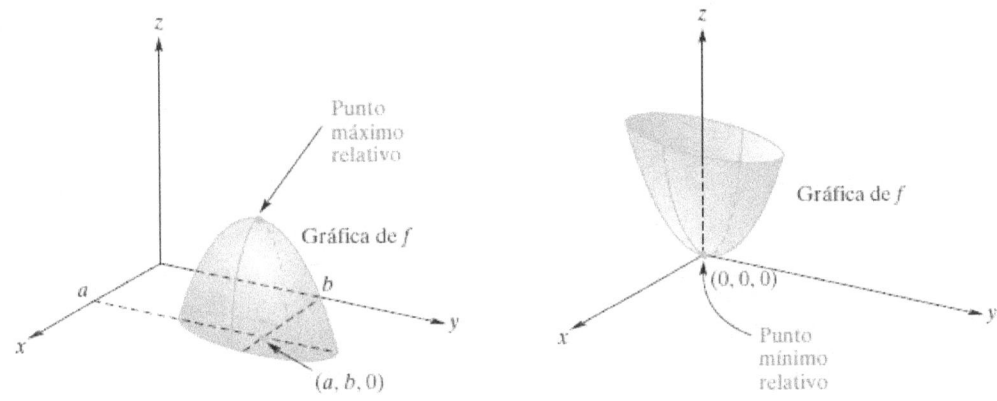

> Una función $z = f(x, y)$ tiene un **mínimo relativo** en el punto (a, b) si
> $$f(a, b) \leqslant f(x, y)$$
> para todos los puntos (x, y) que están suficientemente cerca de (a, b).

Para hallar los extremos relativos de una función de una variable $y = f(x)$, se encuentran los números críticos $f'(c) = 0$ y luego se utiliza la prueba de la Segunda Derivada.

- Máximo Relativo: $f'(c) = 0$ y $f''(c) < 0$.
- mínimo relativo: $f'(c) = 0$ y $f''(c) > 0$.

Para funciones de dos o más variables se utiliza un procedimiento similar.

> Sea $z = f(x, y)$, un **punto crítico** de (a, b) satisface
> $$f_x(a, b) = 0, \qquad f_y(a, b) = 0.$$

Si f es una función diferenciable y tiene un extremo local en (a, b) entonces (a, b) es un número crítico de f, por lo que los puntos críticos son los únicos candidatos a extremos locales para funciones de dos variables.

Ejercicio 1: Encuentre los puntos críticos de las siguientes funciones:

a. $f(x,y) = x^2 + 4y^2 - 6x + 16y$

Encuentre las derivadas parciales de f y resuelva las ecuaciones $f_x = f_y = 0$.

$$f_x(x,y) = 2x - 6 = 0 \quad \Rightarrow \quad x = 3$$
$$f_y(x,y) = 8y + 16 = 0 \quad \Rightarrow \quad y = -2$$

El único punto crítico es $(3, -2)$.

b. $g(x,y) = 2x^2 + xy + y^2 + 100$

Prueba de la Segunda Derivada

Suponga que $z = f(x,y)$ tiene segundas derivadas parciales continuas cerca del punto crítico (a,b).

Sea D la función definida por:

$$D(x,y) = \begin{vmatrix} f_{xx} & f_{xy} \\ f_{xy} & f_{yy} \end{vmatrix} = f_{xx}f_{yy} - (f_{xy})^2 .$$

- **Máximo Relativo:** $f_{xx}(a,b) < 0$ y $D(a,b) > 0$
- **mínimo relativo:** $f_{xx}(a,b) > 0$ y $D(a,b) > 0$
- **Punto de Silla:** $D(a,b) < 0$
- **Prueba Inconclusa:** $D(a,b) = 0$

Punto de Silla

Por ejemplo, considere la función $z = x^2 - y^2$.

El único punto crítico es $(0,0)$

$$\begin{aligned} f_x &= 2x = 0 \\ f_y &= -2y = 0 \end{aligned}$$

En este caso la función $D(a,b)$ es negativa, por lo que z tiene un punto de silla en $(0,0)$.

$$D(a,b) = \begin{vmatrix} f_{xx} & f_{xy} \\ f_{xy} & f_{yy} \end{vmatrix} = \begin{vmatrix} 2 & 0 \\ 0 & -2 \end{vmatrix} = -4 < 0$$

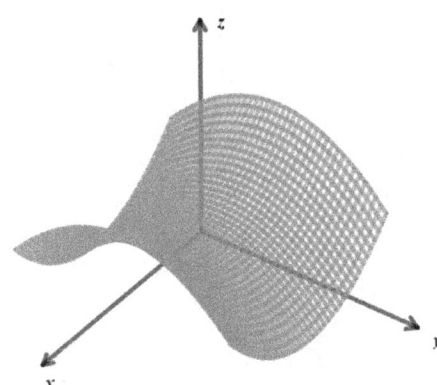

Se observa un máximo relativo en la dirección del eje x si se fija el valor de y, mientras que en la dirección de y se observa un mínimo relativo si se fija el valor de x.

Ejercicio 2: Encuentre los máximos y mínimos relativos de las siguientes funciones (si existen).

a. $f(x,y) = 30 - x^2 - 2y^2 + 4x - 12y$.

Encuentre los puntos críticos.

$$f_x = -2x + 4 = 0 \quad\Rightarrow\quad x = 2$$
$$f_y = -4y - 12 = 0 \quad\Rightarrow\quad y = -3$$

Utilice la prueba de la segunda derivada.

$$D(a,b) = \begin{vmatrix} f_{xx} & f_{xy} \\ f_{xy} & f_{yy} \end{vmatrix} = \begin{vmatrix} -2 & 0 \\ 0 & -4 \end{vmatrix} = 8 > 0$$

Hay un Máximo Relativo en el punto $(2, -3)$ porque $f_{xx} = -2 > 0$ y $D(a,b) = 8 > 0$.
El Máximo Relativo es: $f(-2, 3) = 30 - 4 + 18 + 8 + 36 = 88$.

b. $g(x,y) = 2x^2 + 3y^2 + 3xy - 10x - 9y + 2$

Aplicaciones

Ejercicio 3, Maximización de la producción: Sea P una función de producción dada por:

$$P(L, K) = 2LK - 3K^2 - 2L^2 - 2L + 21K$$

donde L es la mano de obra (en miles) y K es el capital (en miles).

a. Encuentre los valores de L y K que maximizan la producción P.

b. Justifique su respuesta utilizando la prueba de la segunda derivada.

Ejercicio 4, Discriminación de Precios: Suponga que un monopolista practica la discriminación de precios en la venta de un producto cobrando diferentes precios en cada mercado.
Las funciones de demanda para el mercado 1 y 2 son:

$$p_1 = 100 - q_1,$$
$$p_2 = 84 - q_2,$$

donde q_1 y q_2 son las cantidades vendidas por semana en cada mercado y p_1 y p_2 son los precios en cada mercado por unidad. La función de costo del monopolista es:

$$C = 600 + 4(q_1 + q_2)$$

a. ¿Cuánto debe venderse en cada mercado para maximizar la utilidad?

b. ¿Qué precios de venta dan la utilidad máxima? Encuentre la utilidad máxima.
No es necesario justificar la utilidad máxima utilizando la prueba de la Segunda Derivada.

Ejercicio 5, Maximización de la Utilidad: Una compañía produce dos variedades de pasteles, Tres leches y pie de manzana, para los cuales los cotos promedio de producción son constantes de Q20 y Q10 por unidad. Las funciones de demanda para ambos pasteles están dadas por:

$$q_A = 100 - 5p_A - 2p_B, \qquad q_B = 250 + 3p_B - 5p_B.$$

Encuentre los precios de venta p_A y p_B que maximizan la utilidad de la compañía.

10. Multiplicadores de Lagrange [2] (17.7)

Problemas de Optimización con Restricciones

Se pueden encontrar los máximos y mínimos relativos de una función a la cual se le imponen ciertas restricciones.

Ejemplo: Encuentre los extremos relativos de $w = x^2 + y^2 + z^2$ sujeta a $2x + y - z = 18$.

Sustituya la restricción $y = 18 - 2x + z$ en w para tener una función de 2 variables.

$$w(x, z) = x^2 + (18 - 2x + z)^2 + z^2$$

Encuentre los números críticos de $w(x, z)$.

$$w_x = 2x - 4(18 - 2x + z) = 10x - 4z - 72 = 0$$
$$w_z = 2(18 - 2x + z) + 2z = -4x + 4z + 36 = 0$$

Sume la fila 1 con la fila 2 para obtener

$$6x - 36 = 0 \quad \Rightarrow \quad x = 6$$

Sustituya el valor de $x = 6$ en la segunda fila y resuelva para z.

$$4z = 4x - 36 = 24 - 36 = -12 \quad \Rightarrow \quad z = -3$$

Utilizando la restricción original se obtiene el valor de $y = 18 - 2(6) + (-3) = 18 - 15 = 3$.

El punto crítico es $(6, 3, -3)$.

Utilice la prueba de la segunda derivada para $w(x, z)$.

$$D(x, z) = \begin{vmatrix} f_{xx} & f_{xz} \\ f_{zx} & f_{zz} \end{vmatrix} = \begin{vmatrix} 10 & -4 \\ -4 & 4 \end{vmatrix} = 10 \cdot 4 - 16 = 24 > 0$$

Como $D(x, y) > 0$ y $f_{yy} > 0$, hay un mínimo relativo en $(6, 3, -3)$.

El valor mínimo de w es: $w = 36 + 9 + 9 = 54$.

Método de Multiplicadores de Lagrange

En varios problemas no es posible expresar una de las variables de la restricción en función de las otras variables o los pasos de substitución pueden ser extensos.
El método de Multiplicadores de Lagrange nos permite encontrar los puntos críticos sin necesidad de sustituir la restricción en la función objetivo.

Multiplicadores de Lagrange

Suponga que se tiene una función $f(x, y, z)$ sujeta a la restricción $g(x, y, z) = c$.

Se construye la siguiente función nueva F de cuatro variables:

$$F(x, y, z, \lambda) = f(x, y, z) - \lambda(g(x, y, z) - c) \,.$$

Los números críticos de F también son los números críticos de f sujetos a la restricción $g = c$ y se encuentran al resolver el siguiente sistema de ecuaciones simultáneas.

$$\begin{cases} F_x(x,y,z,\lambda) & = f_x - \lambda g_x & = 0 \\ F_y(x,y,z,\lambda) & = f_y - \lambda g_y & = 0 \\ F_z(x,y,z,\lambda) & = f_z - \lambda g_z & = 0 \\ F_\lambda(x,y,z,\lambda) & = g - c & = 0 \end{cases}$$

Observaciones:

- La variable λ (lambda) se conoce como **Multiplicador de Lagrange.**

- Para resolver problemas de optimización con dos variables de decisión y una restricción se encuentran los números críticos de una función F similar.

$$F(x, y) = f(x, y) - \lambda(g(x, y) - c)$$

- La extensión para más variables de decisión es similar $F = f - \lambda(g - c)$.

- Deben de haber más variables de decisión que restricciones para que el problema sea de optimización.

- Si hay más de tres variables de decisión se puede resolver un problema de optimización $w = f(x, y, z)$ con dos restricciones $g(x, y, z) = c$, $h(x, y, z) = d$.
  La función F tiene la siguiente forma para este caso:

$$F(x, y, z, \lambda, \mu) = f(x, y, z) - \lambda[g(x, y, z) - c] - \lambda[h(x, y, z) - d] \,.$$

  Note que esta función tiene dos multiplicadores de Lagrange λ y μ.

  Los números críticos se obtienen al resolver $F_x = F_y = F_z = F_\lambda = F_\mu = 0$.

Prueba de la Segunda Derivada

Para determinar si el número crítico es un máximo o mínimo relativo se extiende la prueba de la segunda derivada utilizada para problemas de optimización de dos variables. En este caso se deben calcular las determinantes de las submatrices que contienen las segundas parciales.

> Suponga que $w = F(x, y, z, \lambda)$
> tiene segundas derivadas parciales continuas cerca del punto crítico de F.
>
> Sea D la función definida por:
>
> $$D(x, y, z, \lambda) = \begin{vmatrix} f_{xx} & f_{xy} & f_{xz} & f_{x\lambda} \\ f_{yx} & f_{yy} & f_{yz} & f_{y\lambda} \\ f_{zx} & f_{zy} & f_{zz} & f_{z\lambda} \\ f_{\lambda x} & f_{\lambda y} & f_{\lambda z} & f_{\lambda\lambda} \end{vmatrix}$$
>
> Calcule todos las determinantes de las submatrices principales D_1, D_2, D_3, D_4. Por ejemplo, D_2 es la determinante de la matrix entre las primeras y segundas filas y columnas de la matrix D y D_4 es la determinante de la matriz entera.
>
> - **Máximo Relativo:** $D_1 < 0, D_2 > 0, D_3 < 0$ y $D_4 > 0$
> - **mínimo relativo:** $D_1 > 0, D_2 > 0, D_3 > 0$ y $D_4 > 0$
> - **Punto de Silla:** $D_4 < 0$
> - **Prueba Inconclusa:** $D_4 = 0$

Observaciones:

- Como esta prueba es laboriosa, no se realiza con mucha frecuencia.

- Si el problema de optimización está bien planteado, (como un problema de minimización del costo sujeto a un nivel fijo de producción) y el problema tiene un sólo número crítico, este punto crítico generalmente es el máximo o mínimo relativo.

En el primer problema $F(x, y, z, \lambda) = x^2 + y^2 + z^2 - \lambda(2x + y - z - 18)$, por lo que

$$D = \begin{vmatrix} f_{xx} & f_{xy} & f_{xz} & f_{x\lambda} \\ f_{yx} & f_{yy} & f_{yz} & f_{y\lambda} \\ f_{zx} & f_{zy} & f_{zz} & f_{z\lambda} \\ f_{\lambda x} & f_{\lambda y} & f_{\lambda z} & f_{\lambda\lambda} \end{vmatrix} = \begin{vmatrix} 2 & 0 & 0 & -2 \\ 0 & 2 & 0 & -1 \\ 0 & 0 & 2 & 1 \\ 2 & 1 & -1 & 0 \end{vmatrix} = 8 > 0$$

Como $D_1 = f_{xx} = 2 > 0$, $D_2 = \begin{vmatrix} f_{xx} & f_{xy} \\ f_{yx} & f_{yy} \end{vmatrix} = 4 > 0$, $D_3 = D_4 = 8 > 0$,

entonces el número crítico de F va a ser un mínimo relativo.

Ejercicio 1: *Encuentre los puntos críticos de las siguientes funciones sujetas a las restricciones indicadas por medio del método de Lagrange.*

a. $f(x,y,z) = x^2 + y^2 + z^2$ sujeto a $g(x,y,z) = 2x + y - z = 18$

Construya la función F.

$$F(x,y,z,\lambda) = x^2 + y^2 + z^2 - \lambda(2x + y - z - 18)$$

Encuentre las derivadas parciales de F y resuelva el siguiente sistema:

$$
\begin{aligned}
F_x &= 2x - 2\lambda = 0 & &\Rightarrow & x &= \lambda \\
F_y &= 2y - \lambda = 0 & &\Rightarrow & y &= 0.5\lambda \\
F_z &= 2z + \lambda = 0 & &\Rightarrow & z &= -0.5\lambda \\
F_\lambda &= 2x + y - z - 18 = 0 & &\Rightarrow & 2x + y - z &= 18
\end{aligned}
$$

En las primeras tres ecuaciones se resolvieron x, y, z en términos de λ. Sustituya estos valores en la última ecuación y resuelva para λ.

$$2\lambda + +0.5\lambda + 0.5\lambda = 3\lambda = 18 \quad \Rightarrow \quad \lambda = 6$$

El número crítico es $x = 6$, $y = 3$, $z = -3$.

b. $f(x,y,z) = x + y + z$ sujeto a $xyz = 8$.

Aplicaciones

Ejercicio 2: Para surtir una orden de **100 unidades** de su producto, una empresa desea distribuir la producción entre sus dos plantas. La función de costo total está dada por:

$$C(q_1, q_2) = 0.1q_1^2 + 7q_1 + 15q_2 + 1000$$

¿Cómo debe distribuirse la producción para maximizar los costos?
Suponga que el punto crítico obtenido corresponde al costo mínimo.

Ejercicio 3: Encuentre dos números que sumen 16 y cuyo producto se máximo.

Ejercicio 4: *La función de producción de una compañía es:*

$$Q(L, K) = 12L + 20K - L^2 - 2K^2$$

El costo de L y K para la compañía es de \$4 mil y \$8 mil por cada mil, respectivamente.

Si la compañía sólo tiene un presupuesto de \$ 88 mil para gastar en trabajo y capital, encuentre la producción máxima posible sujeta a esta restricción.
Suponga que el punto crítico corresponde a una producción máxima.

11. Diferenciales [2] (14.1)

Si $y = f(x)$ es una función derivable, entonces la diferencia o diferencial en x, $\Delta x = dx$, se puede considerar como una variable independiente.

Diferencial

El diferencial en y, denotado como dy, se define mediante la ecuación.

$$dy = f'(x)dx$$

dy es una variable dependiente que depende de x y de la diferencia en x, dx.

Interpretación del Diferencial:

La diferencia en y, denotada como Δy, se calcula como

$$\Delta y = f(x + \Delta x) - f(x).$$

El diferencial en y, se puede utilizar para aproximar el valor de la diferencia en y

$$\Delta y \approx f'(x)dx = dy$$

Ejercicio 1: Considere la función $g(x) = e^{x/20}$.

a. Encuentre la diferencial dy.

b. Evalúe dy para $x = 0$ & $dx = 0.20$.

c. Compare el valor del diferencial con la diferencia en y de $x = 0$ a $x = 2$.

12. La Integral Indefinida [2] (14.2)

a. Antiderivadas e Integral Indefinida

Una **antiderivada** de f es una función $F(x)$ cuya derivada es $f(x)$, es decir
$$F'(x) = f(x)$$
Por ejemplo, como la derivada de $2x^4$ es $8x^3$.

$F(x) = 2x^4$ es una antiderivada de $f(x) = 8x^3$.

Lo anterior se comprueba derivando $F'(x) = 8x^3 = f(x)$.

Sin embargo, NO es la ÚNICA antiderivada de $3x^2$ puesto que:
$$\frac{d}{dx}(2x^4 + 20) = 8x^3 \qquad \frac{d}{dx}(2x^4 - 1000) = 8x^3$$
Ambas funciones difieren sólo por una constante, como la derivada de una constante C es 0, entonces $F(x) = 2x^4 + C$ es la antiderivada más general de $8x^3$.

> **La Integral Indefinida:** La antiderivada más general de $f(x)$ es la *integral indefinida de f respecto a x* y se denota como $\int f(x)\,dx$.
>
> $$\int f(x)\,dx = \underbrace{F(x)}_{antiderivada} + \underbrace{C}_{constante\ de\ integración}$$

En particular, $\int 8x^3\,dx = 2x^4 + C$.

Integrar la función $f(x)$ significa encontrar la antiderivada general de f.

Observación: El operador de integración tiene dos componentes

- El símbolo $\int$ conocido como *sigma elongada*.
- El término dx, el cual es el diferencial en x $dx = \Delta x$.

La integración y derivación son procesos inversos entre sí.
- La antiderivada de la derivada es la función original más una constante.
$$\int \frac{df}{dx}\,dx = f(x) + C$$
- La derivada de la antiderivada es la función original.
$$\frac{df}{dx}\int f(x)\,dx = f(x)$$

b. Evaluación de Integrales Indefinidas

Recuerde que: $\dfrac{d}{dx}x^{n+1} = (n+1)x^n$.

Usando el proceso inverso, la antiderivada de $f(x) = (n+1)x^n$ es $F(x) = x^{n+1} + C$.

Por lo que la antiderivada de $f(x) = x^n$ es: $F(x) = \dfrac{x^{n+1}}{n+1} + C$ si $n \neq -1$.

Además como $\dfrac{d}{dx}\ln|x| = \dfrac{1}{x}$, la antiderivada de $f(x) = x^{-1} = \dfrac{1}{x}$ es $F(x) = \ln|x| + c$.

Por ejemplo, las antiderivadas (o integrales indefinidas) de las siguientes funciones son:

1. $f(x) = x^2 \qquad F(x) = \dfrac{1}{3}x^3 + C$

2. $g(x) = x^8 \qquad G(x) = \dfrac{1}{9}x^9 + C$

3. $h(x) = x^{-2} \qquad H(x) = \dfrac{x^{-1}}{-1} + C = -\dfrac{1}{x} + C$

4. $j(x) = x^{-1} = \dfrac{1}{x} \qquad J(x) = \ln x + c \qquad x > 0$

5. $\displaystyle\int \dfrac{1}{x^4}dx = \int x^{-4}\,dx = \dfrac{1}{-3}x^{-3} + C = -\dfrac{1}{3x^3} + C$

6. $\displaystyle\int \sqrt{x}\,dx = \int x^{1/2}\,dx = \dfrac{x^{3/2}}{3/2} + C = \dfrac{2}{3}x^{3/2} + C$

7. $\displaystyle\int \dfrac{1}{\sqrt[5]{x^2}}dx = \int x^{-2/5}\,dx = \dfrac{x^{3/5}}{3/5} + C = \dfrac{5}{3}x^{3/5} + C$

8. $\displaystyle\int x^{\sqrt{2}}\,dx = \dfrac{x^{\sqrt{2}+1}}{\sqrt{2}+1} + C$

Las siguientes antiderivadas o integrales indefinidas se obtienen leyendo en sentido opuesto las reglas de derivación conocidas, como por ejemplo:

$$\dfrac{d}{dx}(e^x) = e^x \qquad\qquad \dfrac{d}{dx}(a^x) = a^x \ln a$$

Fórmulas Básicas de Integración

$$\int k\, dx = kx + C \qquad \int x\, dx = \frac{1}{2}x^2 + C$$

$$\int x^n\, dx = \frac{x^{n+1}}{n+1} + C \quad n \neq -1 \qquad \int \frac{1}{x}\, dx = \ln x + C$$

$$\int e^x\, dx = e^x + C \qquad \int a^x\, dx = \frac{a^x}{\ln a} + C$$

$$\int kf(x)\, dx = k\int f(x)\, dx \qquad \int f(x) \pm g(x)\, dx = \int f(x)dx \pm \int g(x)dx$$

Ejercicio 1: *Encuentre las siguientes integrales.*
Para algunos ejercicios es necesario simplificar o reescribir el integrando antes de integrar

a. $\int (9x^2 - x)\, dx$

b. $\int \left(18x^{4/5} - \frac{2}{x} + 10e^x\right) dx$

c. $\int \left(\frac{1}{t^{10}} + \frac{1}{\sqrt[3]{t^2}}\right) dt$

d. $\int (x-2)(x+2)(x^2+4)\, dx$

e. $\int \dfrac{x^5 - 6x^3 + 2x^2}{6x^3}\, dx$

f. $\int \dfrac{e^{4x} + e^{5x}}{e^{4x}}\, dx$

g. $\int \left(e^4 + \sqrt{10} + \ln(100) \right) dx$

13. Integración con condiciones iniciales [2] (14.3)

Sea $f'(x)$ la derivada de $f(x)$, como $f(x)$ es la antiderivada de $f'(x)$ integre:

$$\int f'(x)\,dx = f(x) + c$$

No se conoce una función en particular por la constante de integración. Se debe conocer un punto $(a, f(a))$ sobre $f(x)$ para conocer una función $f(x)$ en particular.

La condición $f(a) = b$ se conoce como **condición inicial**.

Dada una razón de cambio $f'(x)$ se puede encontrar la función original $f(x)$ si se integra la razón de cambio y se conoce el valor de una función en un punto.

Ejercicio 1: Sea $f'(x) = 2x$ y $f(2) = 5$.

$$\text{Integre:} \quad \int f'(x)\,dx = \int 2x\,dx = x^2 + C$$

Use $f(2) = 5$: $\quad f(2) = 4 + c = 5 \quad \Rightarrow \quad c = 1$

Función Particular $\quad f(x) = x^2 + 1$

Ejercicio 2: Dada la razón de cambio $y'(x)$ encuentre $y(x)$ sujeta a la condición dada.

a. $y'(x) = 4x - 8; \quad y(2) = 8$

b. $y'(x) = \dfrac{x^2 + 1}{x^2}; \quad y(1) = 9$

Dada la segunda derivada $y''(x)$ es necesario realizar dos integraciones para obtener $y(x)$, por lo que se obtienen dos constantes de integración, c_1 & c_2, y se requieren de dos condiciones iniciales para obtener una función particular $y(x)$.

Ejercicio 3: *Dada $y''(x)$ encuentre $y(x)$ sujeta a las condiciones iniciales.*

a. $y''(x) = 2e^x + 6^x$, $\quad y'(0) = 4$, $\quad y(0) = 6$

b. $y''(x) = -4x^3 + 6x^2$, $\quad y'(1) = 3$, $\quad y(1) = \dfrac{4}{5}$

La integración con condiciones iniciales es útil en los siguientes casos prácticos.

- Si se conoce la función de costo marginal $C'(q)$ y los costos fijos $C(0) = CF$, se puede encontrar una única función de costo total $C(q)$.

- Si se conoce la función de ingreso marginal $I'(q)$ y cuántos ingresos se generan cuando no se produce (generalmente, $I(0) = 0$, se puede conocer el ingreso total $I(q)$.

- Si la población de una ciudad o país tiene una razón de cambio $P'(t)$ y se conoce la población en un año t_o, se puede predecir la población en el tiempo $P(t)$.

Ejercicio 4: *Encuentre la función de demanda-precio $p(q)$ dado el Ingreso Marginal.*

a. $IM = I'(q) = 10 - \dfrac{1}{16}q$

b. $IM = I'(q) = 5,000 - 3(2q + 2q^4)$

Ejercicio 5: *Dada una función de costo marginal y el costo fijo, encuentre la función de Costo Total y la función de costo promedio.*

a. $CM = C'(q) = 2q + 75$, $\quad C(0) = 2,000$.

b. $CM = C'(q) = 0.09q^2 - 1.6q + 6.5$, $C(0) = 8,000$.

Ejercicio 6: *Encuentre la función de elasticidad si* $I'(q) = 100 - 3q^2$. *Evalúe y clasifique la elasticidad para* $q = 5, \dfrac{10}{\sqrt{3}},$ & 7.

14. Regla de Sustitución [2] (14.4)

Encuentre las siguientes integrales indefinidas

$$a. \quad \int 3(x+2)^2 \, dx = \int (3x^2 + 12x + 12) \, dx \qquad \text{Expanda}$$
$$= x^3 + 6x^2 + 12x + C + 24 - 24 \qquad \text{Integre}$$
$$= (x+2)^3 + C - 24 \qquad \text{Factorice}$$

$$b. \quad \int 5(x+2)^4 \, dx$$

Para este problema es más extenso expandir el integrando y luego integrar cada uno de los cinco términos.

Conjeturando, podemos proponer que la integral es $F(x) = (x+2)^5 + C$.

Comprobamos que es la respuesta al derivar y obtener el integrando $F'(x) = 5(x+2)^4$.

Recordemos, la regla de la potencia para derivación de funciones potencia.

$$\frac{d}{dx}\left(\underbrace{[g(x)]^{n+1}}_{F(x)}\right) = \underbrace{(n+1)[g(x)]^n \frac{dg}{dx}}_{f(x)}$$

Por lo que, la antiderivada de $f(x)$ es $F(x) + C$.

Regla de la Potencia para funciones potencia compuestas

$$\int [g(x)]^n g'(x) \, dx = \frac{[g(x)]^{n+1}}{n+1} + C$$

Regla de la Sustitución para funciones potencia

Realice la sustitución $u = g(x)$ & utilice el diferencial $du = g'(x)dx$.

$$\text{Sea} \quad u = g(x) \qquad du = g'(x)dx$$
$$\int g^n(x) g'(x) \, dx = \int u^n \, du = \frac{u^{n+1}}{n+1} + C$$

Objetivo: Simplifique el integrando en una función familiar cuya integral sea conocida, integre y luego regrese a la variable original.

Ejercicio 1: *Evalúe las siguientes integrales.*

a. $\displaystyle\int 5(x+2)^4\, dx$

b. $\displaystyle\int 2x(x^2+3)^5\, dx$

c. $\displaystyle\int (y^3+3y^2+11)^{2/3}(3y^2+6y)\, dy$

d. $\displaystyle\int (4x^2+1)^2\, dx$

Ajuste por un factor constante

En algunos casos es necesario multiplicar o dividir por una constante con el fin de obtener du en el integrando.

$$\int u^n \frac{u'}{k} \, dx = \frac{1}{k} \int u^n \, du = \frac{1}{k} \frac{u^{n+1}}{n+1} + C$$

Ejercicio 2: *Integre las siguientes integrales.*

a. $\int (10w^3 - 8)^{15} \, w^2 \, dw$

b. $\int (7x - 8)^3 \, dx$

c. $\int 8x^3 \sqrt{8 + x^4} \, dx$

d. $\int \sqrt[3]{27y} \, dy$

Integración de Funciones Exponenciales Naturales

> La regla de sustitución también se puede extender para funciones exponenciales.
> $$\int e^{f(x)} f'(x)\, dx = \int e^u\, du = e^u + C$$
> Sea: $\quad u = f(x) \quad du = f'(x) dx$.

Ejercicio 3: *Evalúe las siguientes integrales.*

a. $\displaystyle\int 7x^6 e^{x^7}\, dx$

b. $\displaystyle\int (x^2 - 1) e^{x^3 - 3x}\, dx$

c. $\displaystyle\int 8^x\, dx$

d. $\displaystyle\int \frac{8^{1/x}}{x^2}\, dy$

Integración de Funciones Logarítmicas

$$\int \frac{f'(x)}{f(x)}\, dx = \int \frac{du}{u} = \ln u + C$$
$$Sea \quad u = f(x) \quad du = f'(x)dx$$

Ejercicio 4: *Encuentre las siguientes integrales.*

a. $\int \dfrac{8}{x}\, dx$

b. $\int \dfrac{9x^2}{x^3 - 8}\, dx$

c. $\int \dfrac{12x^2 + 4x + 2}{x + x^2 + 2x^3}\, dx$

d. $\int \dfrac{4x + 3}{2x^2 + 3x} \ln(2x^2 + 3x)\, dx$

Problemas Variados de Integración

a. $\displaystyle\int \sqrt{64x} - \frac{1}{\sqrt{64x}}\, dx$

b. $\displaystyle\int \left(\frac{7x^2}{7x^3+8} - \frac{x^3}{(x^4+8)^5}\right) dx$

c. $\displaystyle\int \sqrt[3]{x}\, e^{\sqrt[3]{8x^4}}\, dx$

d. $\displaystyle\int 5\frac{(x^{1/3}+2)^4}{x^{2/3}}\, dx$

e. $\displaystyle\int \frac{e^x - e^{-x}}{e^x + e^{-x}}\, dx$

15. Aplicaciones de la Integración [2] (14.3)

Propensión Marginal al Consumo y al Ahorro

En una economía, el consumo C es función del ingreso I.

> La propensión marginal al consumo es: $\dfrac{dC}{dI}$.
>
> La propensión marginal al ahorro es: $\dfrac{dS}{dI} = 1 - \dfrac{dC}{dI}$.

El consumo se obtiene la integrar la función de propensión marginal al consumo respecto al ingreso y proporcionando una condición inicial $C(I_o) = C_o$.

Es decir, $C = \int C'(I)\, dI.$ Análogamente, $S = \int S'(I)\, dI.$

Ejercicio 1: *Encuentre la función de consumo dada la propensión marginal al consumo. Utilice la letra K como la constante de integración porque la variable C es del consumo.*

a. $\dfrac{dC}{dI} = \dfrac{I}{\sqrt{I+4}}, \qquad C(5) = 8$

b. $\dfrac{dC}{dI} = \dfrac{2}{3} + \dfrac{I}{\sqrt{4I^2 + 13}}, \qquad C(3) = 19.75$

Ejercicio 2: *La propensión marginal al ahorro de la India está dada por*

$$\frac{dS}{dI} = \frac{6}{(I+2)^2}$$

donde el ahorro S y el ingreso I están dados en billones de dólares ajustados al poder de paridad de compra (PPP).

a. Encuentre la propensión marginal al consumo cuando $I = 3$.

b. Encuentre la función de ahorro si el consumo total nacional es de $ 9.5 billones cuando el ingreso es de $ 10 billones.

c. ¿Para cuál nivel de ingresos es el ahorro total igual a cero?

Ejercicio 3: *Se estima que en t años a partir de ahora, el valor V de una vara cuadrada de tierra alrededor del sector de Cayalá estará creciendo a una tasa de $\dfrac{8t^3}{\sqrt{0.2t^4 + 8,100}}$ dólares por año. El valor actual de la tierra es de $500 la vara cuadrada.*

a. Encuentre el valor de la tierra a los t años.

b. ¿Cuánto costará la vara cuadrada en este sector dentro de 10 años?

Costos e Ingresos

Ejercicio 4: *La función de costo marginal para el producto de un fabricante está dada por:*

$$\frac{dC}{dq} = \frac{18}{q^{1/4}} \sqrt{1.5q^{3/4} + 4}$$

C es el costo total, q es el número de unidades producidas y los costos fijos son de $ 360.

a. Determine el costo marginal cuando se producen 16 unidades.

b. Encuentre la función de costo total.

c. Encuentre el costo total de producir 16 unidades.

16. Integrales Definidas [2] (14.6)

Evaluación de Integrales Definidas

La integral indefinida de $f(x)$ respecto a x es la antiderivada de $f(x)$.

$$\int f(x)\,dx = F(x) + C \qquad \text{donde} \qquad F'(x) = f(x)$$

En varios problemas, dada una función continua en el intervalo $[a,b]$ se necesita evaluar la integral definida de $f(x)$ respecto a x en el intervalo cerrado $a \leqslant x \leqslant b$

$$\int_a^b f(x)\,dx$$

a es el límite inferior de integración $\qquad\qquad$ b es el límite superior de integración

El teorema fundamental del Cálculo Integral relaciona integrales definidas con antiderivadas.

Teorema Fundamental del Cálculo Integral

Si f es continua en $[a,b]$ & F es cualquier antiderivada de f, entonces

$$\int_a^b f(x)\,dx = F(b) - F(a)$$

Observaciones:

- La integral definida $\displaystyle\int_a^b f(x)\,dx$ es un **número**.

- La integral indefinida $\displaystyle\int f(x)\,dx$ es una **función** de x.

- Se utiliza una barra vertical o corchete para indicar que la antiderivada se evalúa en $x = b$ y en $x = a$.

$$\int_a^b f(x)\,dx = F(b) - F(a) = F(x)\Big]_a^b$$

Ejercicio 1: Evalúe las siguientes integrales definidas

a. $\displaystyle\int_1^3 (2x - 3)\, dx$

b. $\displaystyle\int_1^3 8t^{-3}\, dt$

c. $\displaystyle\int_3^{e+2} \frac{1}{x-2}\, dx$

d. $\displaystyle\int_0^{\ln 2} (e^x + \sqrt{x})\, dx$

La Integral Definida de una Derivada

Como la función f es una antiderivada de f', por el teorema fundamental se tiene que

$$\int_a^b f'(x)dx = f(b) - f(a).$$

El VALOR NETO de f entre b y a, $f(b) - f(a)$ es la integral de la razón de cambio $f'(x)$.

Ejercicio 2: El ingreso marginal de un fabricante es: $\dfrac{dr}{dq} = \dfrac{2,000}{\sqrt{q}}$ *$ por tonelada.*
Encuentre el cambio en el ingreso si la producción aumenta de 16 a 25 toneladas.

Ejercicio 3: El costo marginal de un fabricante es: $\dfrac{dc}{dq} = q^2 - 10q + 50$ *$ por tonelada.*
Determine el costo adicional de incrementar la producción de 2 a 3 toneladas.

Ejercicio 4: Encuentre el valor presente, VP, de un flujo continuo de ingresos es de $ 2000 por año durante 6 años al 5 % compuesto continuamente. Integre $\quad VP = \int_0^6 2000 e^{-0.05t}\, dt$.

Regla de Sustitución para Integrales Definidas

Evalúe $\quad \int_a^b F(g(x))\, g'(x)\, dx = \int_{g(a)}^{g(b)} F(u)\, du$.

Realice la sustitución; $\quad u = g(x) \qquad du = g'(x)\, dx$.

También se de deben cambiar los límites de integración a $g(b)$ y $g(a)$.

Ejercicio 7: Evalúe las siguientes integrales definidas.

a. $\displaystyle\int_1^{\sqrt{6}} 3q\sqrt{q^2 + 3}\, dq$

b. $\displaystyle\int_0^{(19)^{1/4}} \frac{x^3}{(x^4+8)^{2/3}}\, dx$

c. $\displaystyle\int_{-\ln 4}^{0} \frac{e^{-x}}{1+e^{-x}}\, dx$

17. La Integral Definida como un Área [2] (14.6)

Considere la región S entre la curvas $y = f(x)$ & $y = 0$ desde $x = a$ hasta $x = b$.

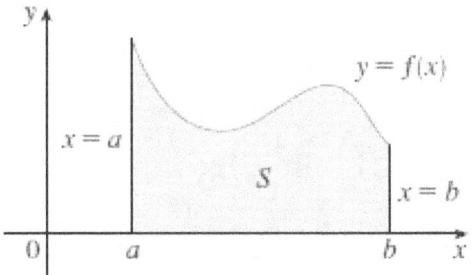

Considere varios segmentos de la región con altura $f(x_i)$ y ancho $dx = \Delta x$, cada segmento es aproximadamente un rectángulo con un área de $f(x_i)dx$.

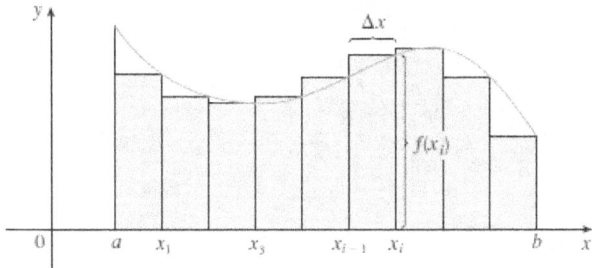

El área de la región S es aproximadamente la suma del área de los n rectángulos.

$$A \approx \sum_{i=1}^{n} f(x_i)\, dx$$

El área exacta se obtiene en el límite cuando el número de rectángulos tiende al infinito.

$$A = \lim_{n \to \infty} \sum_{i=1}^{n} f(x_i)\, dx$$

Si se integra la función f desde $x = a$ hasta $x = b$ se obtiene que el área es:

$$A = \int_a^b f(x)\, dx.$$

> **Área bajo la curva**
>
> Sea $f(x)$ una función continua en el intervalo $[a, b]$.
> Si $f(x) \geqslant 0$, el área de la región entre $y = f(x)$, el eje horizontal $y = 0$ y las rectas verticales $x = a$ & $x = b$ es:
>
> $$A = \int_a^b f(x)dx = \lim_{n \to \infty} \sum_{i=1}^{n} f(x_i)\, dx.$$

Ejercicio 1: Bosqueje la región que está limitada por las curvas dadas. Encuentre el área de la región.

a. $R_1: y = 4x,\ y = 0,\ x = 0,\ x = 2$

b. $R_2: y = 12 - 3t^2,\ y = 0,\ t = -2,\ t = 2$

c. $R_3: y = e^x,\ y = 0,\ x = -2,\ x = 2$

Si $f(x)$ es menor que cero en partes del intervalo $[a, b]$, la integral definida ya no se puede interpretar como el área de la región.

Geométricamente, cuando $f(x) < 0$ se calcula un área negativa.

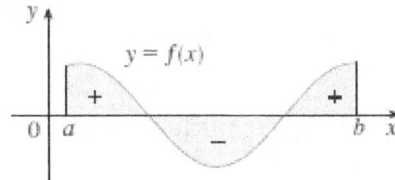

Ejercicio 2: Considere $f(x) = 4x^3 - 4$ en $-2 \leqslant x \leqslant 2$.

a. Evalúe $\displaystyle\int_{-2}^{2} (4x^3 - 4)\, dx$.

b. Bosqueje la región y explique si la integral definida es igual al área de la región.

c. Encuentre el área de esta región. Tome nota que $f \leqslant 0$ en algunas partes del intervalo.

Para que la integral definida $\int_a^b f(x)$ exista, $f(x)$ debe ser continua en $[a,b]$.

¿Cuál es el error en la evaluación de la siguiente integral definida?

$$\int_{-1}^{1} \frac{1}{x}\,dx = \ln|x|\Big]_{-1}^{1} = \ln 1 - \ln 1 = 0 - 0 = 0$$

Como $1/x$ es discontinua en $x=0$, no se puede evaluar esta integral definida.

Propiedades de la Integral Definida

Las propiedades de la integral indefinida también existen para integrales definidas.

a. $\int_a^b kf(x)\,dx = k\int_a^b f(x)\,dx \qquad k \in \mathbb{R}$

b. $\int_a^b [\,f(x) \pm g(x)\,]\,dx = \int_a^b f(x)\,dx \pm \int_a^b g(x)\,dx$

Hay propiedades adicionales para las integrales definidas.

c. $\int_a^b f(x)\,dx = \int_a^b f(t)\,dt$

La variable de integración es *ficticia,* cualquier otra variable produce el mismo número.

Por ejemplo, $\quad \int_0^2 u^5\,du = \frac{1}{6}u^6\Big]_0^2 = \frac{32}{6}, \quad \int_0^2 m^5\,dm = \frac{1}{6}m^6\Big]_0^2 = \frac{32}{6}$.

d. Si f es continua en un intervalo I, entonces.

$$\int_a^c f(x)\,dx = \int_a^b f(x)\,dx + \int_b^c f(x)\,dx$$

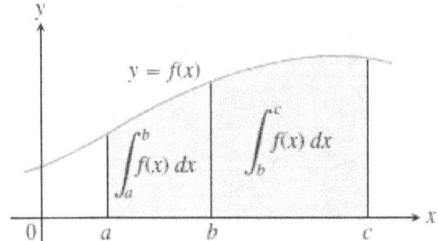

Esta propiedad se puede visualizar geométricamente como la suma del área de las subregiones que conforman la región.

Aunque f tenga discontinuidades de salto, la integral definida todavía se puede evaluar en los subintervalos donde es continua.

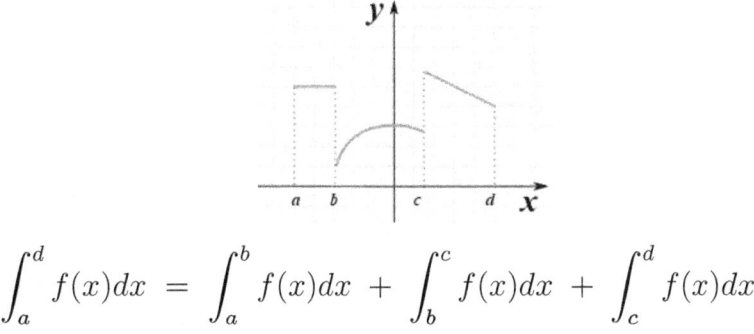

$$\int_a^d f(x)dx = \int_a^b f(x)dx + \int_b^c f(x)dx + \int_c^d f(x)dx$$

Ejercicio 3: *Encuentre las siguientes integrales definidas.*

a. $\displaystyle\int_{-4}^{2} |x|\, dx$

b. $\displaystyle\int_0^3 f(x)\, dx$ donde $f(x) = \begin{cases} 2 & si\ 0 \leqslant x < 1 \\ 4 - 2x & si\ 1 \leqslant x < 2 \\ 6x - 12 & si\ 2 \leqslant x \leqslant 3 \end{cases}$

18. Áreas entre Curvas [2] (14.9)

El área de una región limitada por $x = a$, $x = b$, $y = f(x) \geq 0$ es:

$$A = \int_a^b f(x)\, dx$$

Cuando una función $f(x) \leq 0$ tiene valores negativos en el intervalo $[a, b]$, para que la integral definida represente una área, la integral definida se debe multiplicar por -1.

$$A = -\int_a^b f(x)\, dx$$

Varias funciones tienen valores positivos y negativos en un intervalo $[a, d]$.
Para encontrar el área de esta región se deben encontrar los ceros de la función y hay que integrar en varios subintervalos.

Por ejemplo, el área de la siguiente región se encuentra de la siguiente manera:

$$A = \int_a^d |f(x)|\, dx = \int_a^b f(x)\, dx - \int_b^c f(x)\, dx + \int_c^d |f(x)|\, dx$$

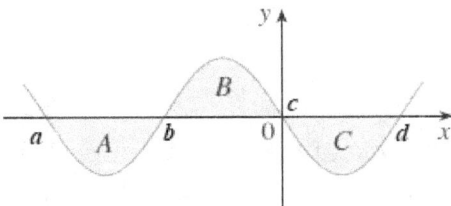

Ejercicio 1: Bosqueje y encuentre el área de la región limitada por: $y = 3x^2 - 6x$, $x = -2$, & $x = 3$.

Área entre dos curvas

Considere la región delimitada arriba por la curva $y_{sup} = f(x)$, abajo por la curva $y_{inf} = g(x)$ y lateralmente por las rectas $x = a$ & $x = b$, es decir $f(x) \geqslant g(x)$ en $a \leqslant x \leqslant b$.

Para encontrar el área de esta región considere una franja vertical "infinitesimal."
La franja es un rectángulo con altura $f(x) - g(x)$ y ancho dx, por lo que su área dA es:

$$dA = [\,f(x) - g(x)\,]\,dx$$

Integrando cada una de las franjas verticales desde $x = a$ hasta $x = b$, el área es:

$$A = \int_a^b dA = \int_a^b [\,f(x) - g(x)\,]\,dx$$

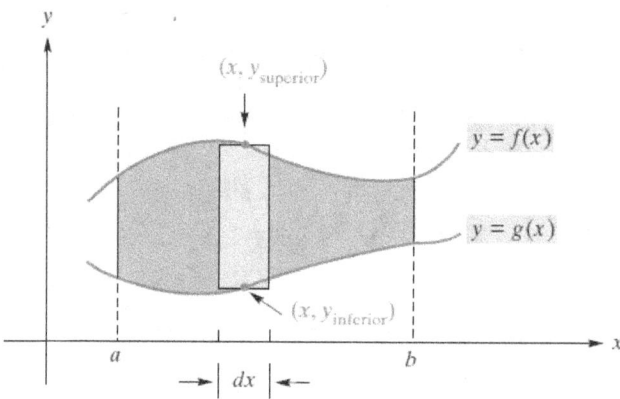

El área es la integral de la diferencia entre la curva superior y_{sup} & la curva inferior y_{inf}.

$$A = \int_a^b [\,y_{sup} - y_{inf}\,]\,dx$$

Ejemplo: *Bosqueje y encuentre el área de la región limitada por las curvas* $y_1 = \dfrac{1}{\sqrt{x}}$, $y_2 = 8x$, *entre* $x = 1$ & $x = 4$.

En este intervalo $y_2 = 8x \leqslant \dfrac{1}{\sqrt{x}} = y_1$.

El Área de la región es igual a

$$\begin{aligned} A &= \int_0^1 y_2 - y_1 \, dx \\ &= \int_1^4 8x - x^{-1/2} \, dx \\ &= \left. 4x^2 - 2x^{1/2} \right]_1^4 \\ &= 64 - 4 - (4 - 2) = 58 \end{aligned}$$

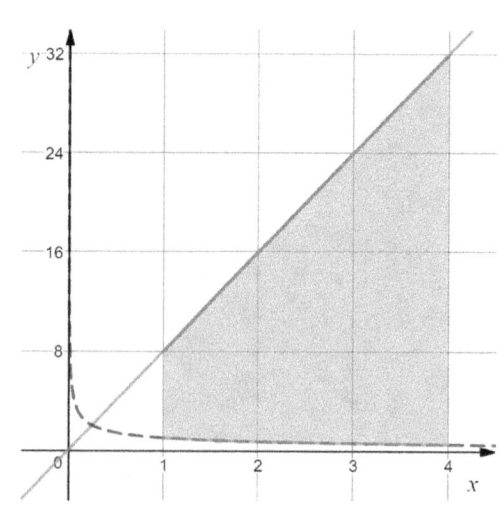

Regiones con Puntos de Intersección entre las curvas

Varias regiones no tienen límites laterales, por lo que es necesario encontrar el punto o puntos de intersección entre las dos curvas.

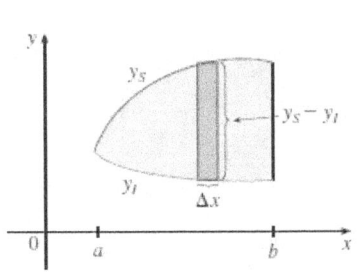

Un punto de intersección   Dos puntos de intersección

Por ejemplo, encuentre el área de la región limitada por las curvas $y_1 = 3x$ y $y_2 = 3x^2$.

Iguale las curvas: $3x^2 = 3x$ $3x(x-1) = 0$, los puntos de intersección son $x = 0, 1$.

En el intervalo $[0, 1]$, $y_1 \geq y_2$

El área de la región es:

$$\begin{aligned} A &= \int_0^1 y_1 - y_2 \, dx \\ &= \int_0^1 3x - 3x^2 \, dx \\ &= \left. \frac{3}{2}x^2 - x^3 \right]_0^1 = \frac{3}{2} - 1 - 0 = \frac{1}{2} \end{aligned}$$

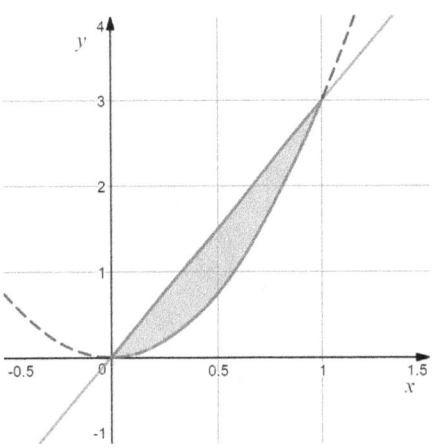

Ejercicio 2: Bosqueje y encuentre el área de la región limitada por las curvas dadas.

a.) $y_1 = e^x$, $y_2 = e^{-x}$, $x = 0$ & $x = \ln 2$

b.) $y_1 = x^3$ & $y_2 = 4x$

c.) $y_1 = x^2 - 4x + 4$ & $y_2 = 10 - x^2$

Regiones con dos curvas superiores diferentes

Si en el intervalo $[a,b]$, $f(x) \geq g(x)$ en algunas partes del intervalo y $g(x) \geq f(x)$ en otras partes, el área se puede calcular intercambiando las curvas superiores.

Por ejemplo en la siguiente región, el área es igual a:

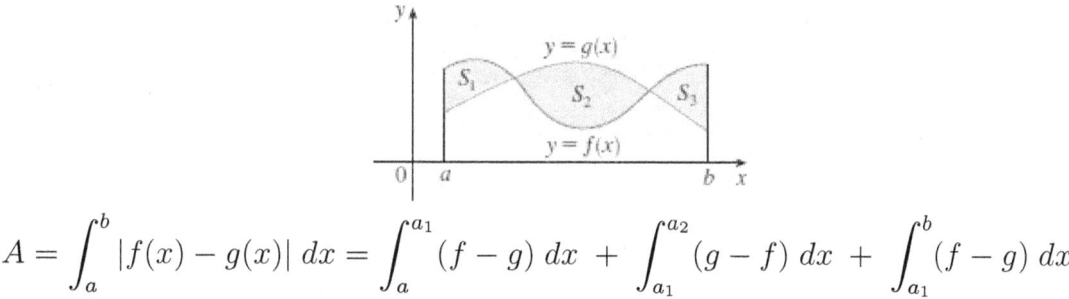

$$A = \int_a^b |f(x) - g(x)|\, dx = \int_a^{a_1} (f - g)\, dx + \int_{a_1}^{a_2} (g - f)\, dx + \int_{a_1}^{b} (f - g)\, dx$$

Es necesario realizar un bosquejo para identificar y_{sup} & $y_{ínf}$ para cada subintervalo.

Ejercicio 3: Encuentre el área de la región limitada por las curvas dadas.

a.) $y_1 = 8x$ & $y_2 = 2x^3$.

b.) $y_1 = 1$, $y_2 = 1 - x^2$ & $y_3 = x - 1$.

Franjas Horizontales

La región S está limitada por $x = f(y)$, $x = g(y)$, $y = c$, $y = d$, donde $f(y) \geq g(y)$.

El área es más fácil sumando áreas de franjas horizontales.

La altura de cada rectángulo es: $f(y) - g(y)$.

El área de la región es:

$$A = \int_c^d [\, f(y) - g(y) \,] \, dy$$
$$= \int_c^d [\, x_{der} - x_{izq} \,] \, dy$$

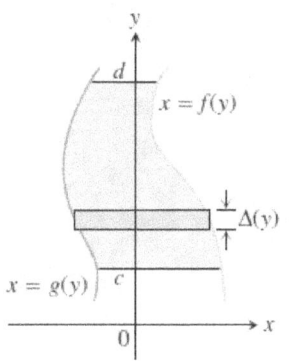

Ejercicio 4: Encuentre el área de la región entre las curvas $x = y^4$, $x = 4 - 3y^2$ & $y = 0$. En este caso es preferible integrar en el eje y.

La región está entre la curva izquierda $x = y^4$ & la derecha $x = 4 - 3y^2$.

Encuentre la coordenada en y donde se interceptan ambas curvas.

$$\begin{aligned} y^4 &= 4 - 3y^2 \\ y^4 + 3y^2 - 4 &= 0 \\ (y^2 + 4)(y^2 - 1) &= 0 \\ y &= \pm 1 \end{aligned}$$

El área de la región es: (descarte $y = -1$)

$$\begin{aligned} A &= \int_0^1 (\, x_{der} - x_{izq} \,) \, dy \\ &= \int_0^1 (\, 4 - 3y^2 - y^4 \,) \, dy \\ &= 4y - y^3 - \frac{1}{5}y^5 \Big]_0^1 \\ &= 4 - 1 - \frac{1}{5} - 0 = 3 - \frac{1}{5} = \frac{14}{5} \end{aligned}$$

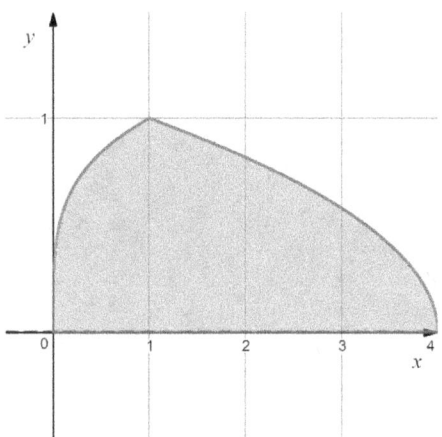

El área de esta región también se puede encontrar integrando en el eje-x. Se encuentran las inversas de cada curva y replantean las integrales, pero se obtiene la misma respuesta.

$$A = \int_0^1 x^{1/4} \, dx + \int_1^4 \left(\frac{4-x}{3}\right)^{1/2} \, dx = \frac{14}{5}$$

Ejercicio 5: Encuentre el área de la región limitada por las curvas $y^2 = -x - 2$, $x - y = 5$, $y = -1$, & $y = 1$.

Ejercicio 6: Determine el área de la región sombreada.

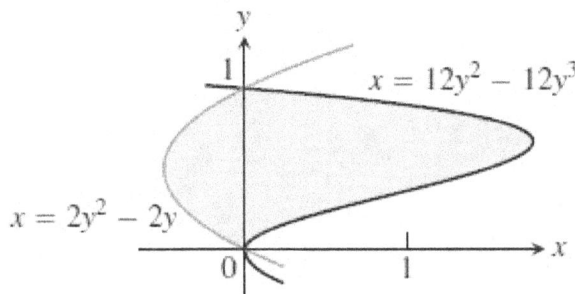

19. Curva de Desigualdad de Lorenz [2] (14.9)

Una *curva de Lorenz* se utiliza para estudiar las distribuciones del ingreso.

Sea x es porcentaje acumulado de la población (ordenada de menores a mayores ingresos), e y es el porcentaje acumulado del ingreso para un porcentaje acumulado x de la población.

La igualdad del ingreso está dada por la recta $y = x$, $0 \leqslant x \leqslant 1$,   por ejemplo

- 10 % ($x = 0.1$) de la población recibe un 10 % ($y = 0.1$) del ingreso total.
- 50 % ($x = 0.5$) de la población recibe un 50 % ($y = 0.15$) del ingreso total.

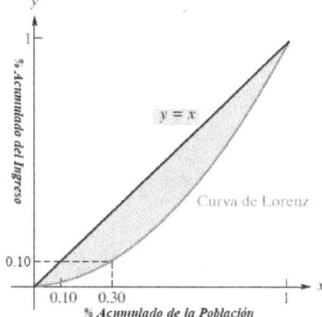

La distribución de ingresos nunca es uniforme (generalmente el 10 % de la población recibe mucho menos del 10 % de los ingresos total y el 10 % de la población de ingresos altos acumula mucho más del 10 % de los ingresos).

Para cada país o región se puede encontrar una función de distribución de ingresos $y_1 = g(x)$, la cual se encuentra por debajo de la curva y.

El grado de desigualdad entre ingresos se mide por medio del coeficiente de Gini, el cual se mide al calcular el área entre las dos curvas y dividida por el área bajo la diagonal y_1.

$$Gini = \frac{\int_0^1 [\, y - y_1 \,] \, dx}{\int_0^1 y \, dx} = 2 \int_0^1 [\, x - g(x) \,] \, dx$$

De esta forma el coeficiente de desigualdad siempre tiene valores numéricos entre 0 y 1.

Valores extremos del coeficiente de desigualdad

- Igualdad de ingresos: $y_1 = x$

$$Gini = 2 \int_0^1 [\, x - x \,] \, dx = 2 \int_0^1 0 \, dx = 0$$

- Desigualdad completa: Una sola persona tiene todos los ingresos $y_2 = \begin{cases} 0 & 0 \leqslant x < 1 \\ 1 & x = 1 \end{cases}$.

$$Gini = 2 \int_0^1 [\, x - y_2 \,] \, dx = 2 \int_0^1 x \, dx = 1$$

Ejercicio 1: Un estudio econométrico de la CIA encontró que la curva de ingreso de Costa Rica es: $g_1(x) = x^2$, mientras que la de Austria es: $g_2(x) = \dfrac{11}{12}x^2 + \dfrac{x}{12}$.

  a. Encuentre el coeficiente de desigualdad de cada país.

  b. ¿Cuál país tiene una mayor desigualdad de ingresos?

Coeficiente de Gini, países selectos

https://en.wikipedia.org/wiki/List_of_countries_by_income_equality

País	Gini	PIB per capita (PPP)
Eslovenia	0.247	$35,578
Austria	0.305	$47,856
España	0.340	$38,171
Turquía	0.401	$27,634
Estados Unidos	0.470	$61,687
Costa Rica	0.503	$17,260
Hong Kong	0.539	$58,321
Guatemala	0.551	$8,132
Lesotho	0.632	$3,868

20. Excedente del Consumidor y del Productor [2] (14.10)

En la siguiente figura se muestran la curva de demanda $p_D = f(q)$ y la curva de oferta $p_S = g(q)$. En ambas funciones, los precios p dependen de la cantidad q.

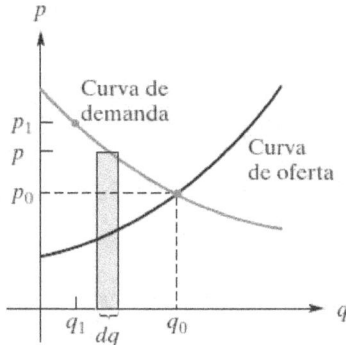

El punto (p_o, q_o) en el que las curvas se intersecan se llama **punto de equilibrio**.
En el precio de equilibrio se presenta estabilidad en la relación productor - consumidor.
Observe que en la curva de demanda hay consumidores que estarían dispuestos a pagar un precio p mayor que p_o por el producto. También hay productores que estarían dispuestos a suministrar el producto a precios menores que p_o.

Con este precio cada consumidor obtiene un beneficio $(p - p_o)dq$, mientras que cada productor también obtiene un beneficio $(p_o - p)dq$ Integrando cada uno de estos beneficios se obtienen el excedente del consumidor y del productor, respectivamente.

> **Excedente del Consumidor:** La ganancia total de los consumidores que están dispuestos a pagar más que el precio de equilibrio.
>
> $$EC = \int_0^{q_o} (f(q) - p_o)\, dq$$
>
> **Excedente del Productor:** La ganancia total de los productores que están dispuestos a suministrar el producto a precios menores que el precio de equilibrio.
>
> $$EP = \int_0^{q_o} (p_o - g(q))\, dq$$

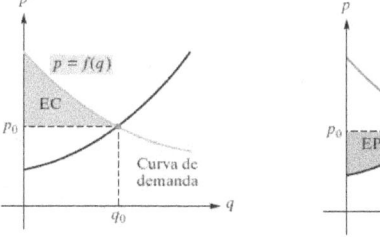 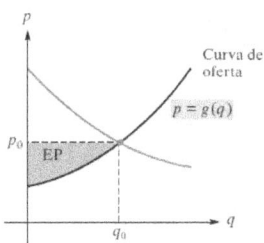

Ejercicio 1: *Dadas la funciones de demanda y oferta, determine el excedente del consumidor y del productor. Bosqueje ambas curvas y sombree cada excedente.*

a. $\begin{aligned} p_D &= f(q) = 22 - 0.5q \\ p_S &= g(q) = 6 + 1.5q \end{aligned}$

b. $\begin{aligned} p_D &= f(q) = 50(q+5)^{-1} \\ p_S &= g(q) = 0.1q + 4.5 \end{aligned}$

Integración en el eje y

En muchos problemas, las ecuaciones de demanda y oferta están en función del precio $q_D = f(p)$ & $q_S = g(p)$.

Se puede encontrar el área bajo las curvas sin necesidad de encontrar las funciones inversas para la demanda y la oferta, $p_D = f^{-1}(q)$ & $p_S = f^{-1}(q)$.

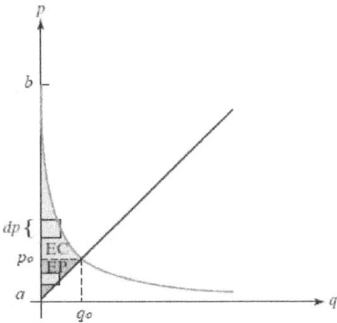

Considere una franja horizontal de ancho dp y altura $f(p)$.
El área de cada franja es $f(p)dp$, integrando desde $p = p_o$ hasta $p = b$, el EC es:

$$EC = \int_{p_o}^{a} f(p)\, dp$$

Del mismo modo, el excedente del productor también se calcular utilizando una franja horizontal de altura $g_1(p)$ y ancho dp. Integre desde $p = a$ hasta $p = p_o$.

$$EP = \int_{a}^{p_o} g(p)\, dp$$

Ejercicio 2: Determine el excedente del consumidor y del productor si la demanda es: $q_D = f(p) = \sqrt{100 - p}$ & *la oferta es:* $q_S = g(p) = 0.5p - 10$.
Bosqueje ambas curvas y sombree cada excedente.

21. Funciones Trigonométricas [1] (1)

Triángulo Rectángulo

Un triángulo es una figura geométrica con tres lados y 3 ángulos.
La suma de sus ángulos internos es igual a 180°.

Un triángulo rectángulo tiene uno de sus ángulos iguales a 90°.

La **hipotenusa** (H) es el lado más largo del triángulo rectángulo.

Los otros dos lados se llaman **catetos.**

El cateto opuesto (CO) está enfrente del ángulo θ.

El cateto adyacente (CA) está pegado al ángulo θ.

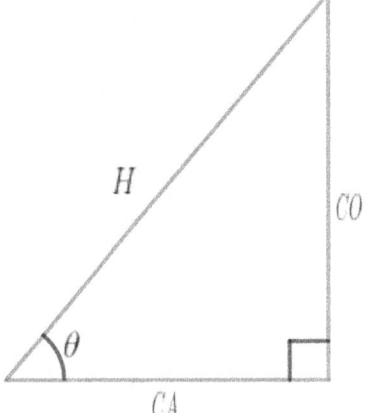

Circunferencia

La circunferencia es una curva que contiene todos los puntos $P(x,y)$ que se encuentran a una misma distancia, llamada radio r, de un punto $Q(h,k)$, llamado centro. Usualmente el centro de una circunferencia se encuentra en el origen $(0,0)$.

Circunferencia de radio R centrada en (0,0)

$$x^2 + y^2 = R^2$$

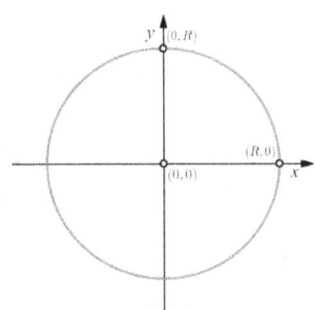
Circunferencia de radio r

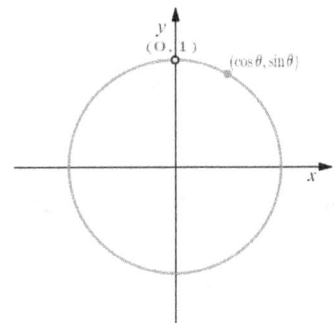
Circunferencia unitaria

- El perímetro de una circunferencia es de $P = 2\pi r$ y el área de un círculo es $A = \pi r^2$.
- El número π es un número irracional cuyo valor es approx. $3.141592653\cdots$
- Una circunferencia de radio 1, $x^2 + y^2 = 1$ se conoce como **circunferencia unitaria.**
- Se utiliza para encontrar los valores de coseno $x = \cos\theta$ y seno $y = \sin\theta$.

Funciones Trigonométricas

Se definen utilizando los lados de un triángulo rectángulo.

Seno:	$\sin\theta = \dfrac{CO}{H}$	Cosecante:	$\csc\theta = \dfrac{H}{CO}$
Coseno:	$\cos\theta = \dfrac{CA}{H}$	Secante:	$\sec\theta = \dfrac{H}{CA}$
Tangente:	$\cos\theta = \dfrac{CO}{CA}$	Cotangente:	$\cot\theta = \dfrac{CA}{CO}$

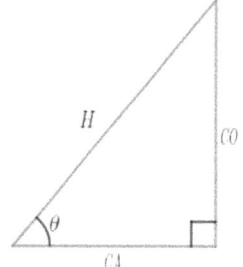 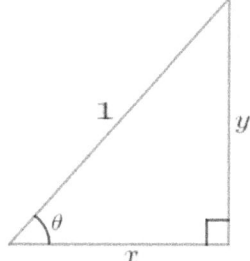

Triángulo Rectángulo   Triángulo Unitario

Las funciones trigonométricas también se llaman **funciones circulares** porque se pueden definir utilizando la circunferencia unitaria.

Utilice un triángulo rectángulo con hipotenusa 1, cateto adyacente x, y cateto opuesto y.

$$\sin\theta = \frac{CO}{H} = y \qquad\qquad \cos\theta = \frac{CA}{H} = x$$

Sustituya seno y coseno en $x^2 + y^2 = 1$, para obtener la sig. **Identidad Trigonométrica**:

Identidad Trigonométrica Fundamental

$$\cos^2\theta + \sin^2\theta = 1$$

Medición del Ángulo en Radianes

Los ángulos usualmente se miden en grados (desde 0° hasta 360°), el ángulo de 360° recorre toda la circunferencia. La longitud de toda la circunferencia es igual al perímetro $L = 2\pi R$.

Un ángulo medido en radianes se define como la longitud de un segmento de la circunferencia L entre el radio de la circunferencia R.

$$\theta = \frac{L}{r}$$

El ángulo θ (en radianes) de toda una circunferencia es:

$$\theta = \frac{2\pi R}{R} = 2\pi$$

Por lo que 2π radianes son iguales a 360°.

1 radian es aproximadamente igual a $\quad 1 = \dfrac{360}{2\pi} = \dfrac{180}{\pi} \approx 57.296°$

Como 180 grados son igual a π radianes se pueden utilizar las siguientes ecuaciones lineales para pasar un ángulo de grados a radianes y viceversa.

$$\theta_{rad} = \frac{\pi}{180}\theta_{grad} \qquad\qquad \theta_{grad} = \frac{180}{\pi}\theta_{rad}$$

Ángulos Especiales de Seno y Coseno

En la siguiente tabla se muestran ángulos comúnmente usados en grados y en radianes.

grados	0	30°	45°	60°	90°	180°	270°	360°
radianes	0	$\dfrac{\pi}{6}$	$\dfrac{\pi}{4}$	$\dfrac{\pi}{3}$	$\dfrac{\pi}{2}$	π	$\dfrac{3\pi}{2}$	2π

Los valores de seno y coseno se pueden encontrar de manera exacta para estos ángulos utilizando la mitad de un triángulo equilátero (lados iguales) de lado 2 y un triángulo isósceles (sólo dos lados iguales) con catetos iguales a 1.

x	0	$\dfrac{\pi}{6}$	$\dfrac{\pi}{4}$	$\dfrac{\pi}{3}$	$\dfrac{\pi}{2}$
$\sin x$	0	$\dfrac{1}{2}$	$\dfrac{\sqrt{2}}{2}$	$\dfrac{\sqrt{3}}{2}$	1
$\cos x$	1	$\dfrac{\sqrt{3}}{2}$	$\dfrac{\sqrt{2}}{2}$	$\dfrac{1}{2}$	0

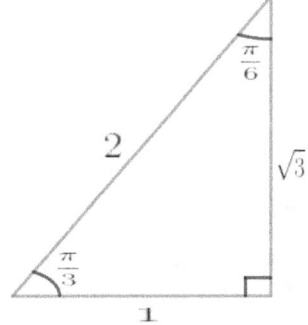
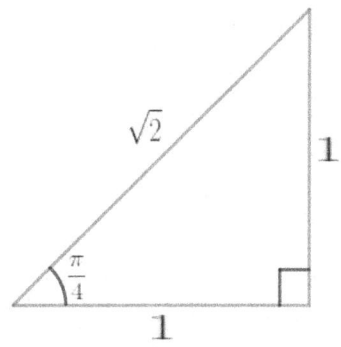

Los valores de seno y coseno para múltiplos de $90°$ $\left(\frac{\pi}{2} \, rad\right)$ son:

$$\sin(0) = \sin(\pi) = 0 \qquad \sin\left(\frac{\pi}{2}\right) = 1 \qquad \sin\left(\frac{3\pi}{2}\right) = -1$$

$$\cos\left(\frac{\pi}{2}\right) = \cos\left(\frac{3\pi}{2}\right) = 0 \qquad \cos(0) = 1 \qquad \cos(\pi) = -1$$

Use el círculo unitario $x^2 + y^2 = 1$ y la identidad trigonométrica $\cos^2\theta + \sin^2\theta = 1$ para encontrar los valores de coseno, $x = \cos\theta$, y de seno, $y = \sin\theta$.

Función Seno

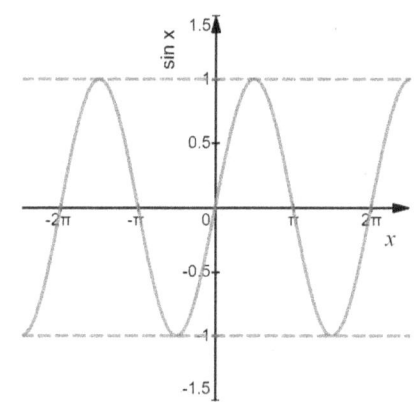

Dominio: $\mathbb{R}$
Rango: $[-1, 1]$
Ceros: $0, \pm\pi, \pm 2\pi, \cdots$

Observe que la gráfica de la función seno se repite cada 2π grados.

Función Coseno

La gráfica de coseno es la gráfica de seno desplazada $\dfrac{\pi}{2}$ radianes a la izquierda.

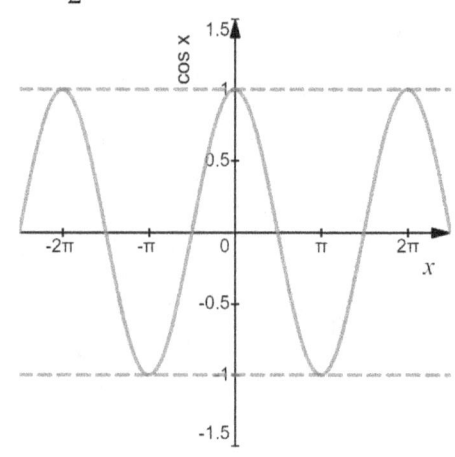

$\sin\left(x + \dfrac{\pi}{2}\right) = \cos x$
Dominio: $\mathbb{R}$
Rango: $[-1, 1]$
Ceros: $\pm\dfrac{\pi}{2}, \pm\dfrac{3\pi}{2}, \cdots$

La gráfica de coseno también se repite cada 2π grados.

Función Tangente

Definición: $\tan x = \dfrac{\sin x}{\cos x}$

Dominio: $\mathbb{R} - \left\{\pm\frac{\pi}{2},\ \pm\frac{3\pi}{2}, \cdots\right\}$

Rango: $(-\infty,\ \infty)$

Ceros: $2n\pi,\quad n \in \mathbb{Z}$

Intercepto en y: $(0, 0)$

Asíntotas Verticales: $x = \pm\frac{\pi}{2},\ \pm\frac{3\pi}{2},\ \cdots$

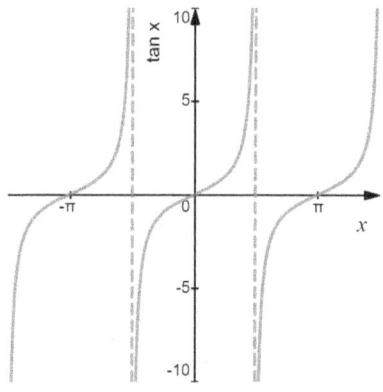

Secante, Cosecante y Cotangente

Son el recíproco de las funciones trigonométricas usuales.

$$\sec x = \dfrac{1}{\cos x} \qquad \csc x = \dfrac{1}{\sin x} \qquad \cot x = \dfrac{1}{\tan x} = \dfrac{\cos x}{\sin x}$$

22. Derivadas de Funciones Trigonométricas [1] (3)

Para encontrar las derivadas de seno y coseno se necesitan utilizar los siguientes límites.

Límites Trigonométricos Especiales

$$\lim_{\theta \to 0} \frac{\sin \theta}{\theta} = 1$$

$$\lim_{\theta \to 0} \frac{\cos \theta - 1}{\theta} = 0$$

Además se necesitan utilizar las identidades trigonométricas.

Suma de Ángulos

$$\sin(x + y) = \sin x \cos y + \cos x \sin y$$
$$\cos(x + y) = \cos x \cos y - \sin x \sin y$$

Derivada de seno $f(x) = \sin x$

Utilice la definición de derivada y la identidad para suma de ángulos.

$$f'(x) = \lim_{h \to 0} \frac{\sin(x + h) - \sin x}{h} = \lim_{h \to 0} \frac{\sin x \cos h + \cos x \sin h - \sin x}{h}$$

Agrupe términos y utilice propiedades de límites

$$f'(x) = \cos x \cdot \underbrace{\lim_{h \to 0} \frac{\sin h}{h}}_{1} + \sin x \cdot \underbrace{\lim_{h \to 0} \frac{\cos h - 1}{h}}_{0} = 1 \cdot \cos x + 0 \cdot \sin x = \cos x$$

Derivada de seno: $\frac{d}{dx}\left(\sin x \right) = \cos x.$

Derivada de coseno: $\frac{d}{dx}\left(\cos x \right) = -\sin x.$

Se utiliza un procedimiento similar para encontrar la derivada de coseno.

Derivadas de tangente, cotangente, etc.

Al conocer las derivadas de seno y coseno, las derivadas para el resto de las funciones trigonométricas se encuentran por medio de la regla del cociente y utilizando la identidad trigonométrica fundamental $\sin^2 x + \cos^2 x = 1$.

Por ejemplo,

$$\frac{d}{dx}\left(\tan x\right) = \frac{d}{dx}\left(\frac{\sin x}{\cos x}\right)$$
$$= \frac{\cos^2 x + \sin^2 x}{\cos^2 x} = \frac{1}{\cos^2 x} = \sec^2 x$$

$$\frac{d}{dx}\left(\csc x\right) = \frac{d}{dx}\left(\frac{1}{\sin x}\right)$$
$$= \frac{0 \cdot \sin x - 1 \cdot \cos x}{\sin^2 x} = -\frac{1}{\sin x}\frac{\cos x}{\sin x} = -\csc x \cot x$$

Las derivadas de cotangente y secante se encuentran de manera similar.

Derivadas de Funciones Trigonométricas

$$\frac{d}{dx}\left(\sin x\right) = \cos x \qquad \frac{d}{dx}\left(\csc x\right) = -\csc x \cot x$$
$$\frac{d}{dx}\left(\cos x\right) = -\sin x \qquad \frac{d}{dx}\left(\sec x\right) = \sec x \tan x$$
$$\frac{d}{dx}\left(\tan x\right) = \sec^2 x \qquad \frac{d}{dx}\left(\cot x\right) = -\csc^2 x$$

Ejercicio 1: Derive las siguientes funciones.

a. $f(x) = \sin x + 2e^x - 10x^2$

$$f'(x) = \cos x + 2e^x - 20x$$

b. $g(x) = e^x \sin x$ Utilice la Regla del Producto

$$g'(x) = e^x \sin x + e^x \cos x$$

c. $h(x) = \dfrac{\cos x}{x^4}$ Utilice la Regla del Cociente

$$h'(x) = \frac{-(\sin x)x^4 - 4x^3 \cos x}{x^8} = \frac{-x \sin x - 4\cos x}{x^5}$$

d. $i(x) = \sin^2 4x + \cos^2 4x$ $i(x) = 1$ por la Identidad Trigonométrica Fundamental

$$i'(x) = 0$$

Ejercicio 2: Derive las siguientes funciones.

a. $f(x) = \cot x \csc x$ Utilice la regla del Producto.

$$f'(x) = -\csc^2 x \csc x - \cot x \csc x \cot x = -\csc^3 - \csc x \cot^2 x$$

b. $g(x) = \tan^2(3x^2 + x)$ Utilice la regla de la Cadena.

La función externa es: $[\ \ ]^2$
La función intermedia es: $\tan(\ \ )$
La función interna es: $(3x^2 + x)$

$$\begin{aligned} g(x) &= [\tan(3x^2 + x)]^2 \\ g'(x) &= 2\tan(3x^2 + x)\sec^2(3x^2 + x)(6x + 1) \end{aligned}$$

c. $h(x) = \dfrac{\tan x}{1 + \tan x}$ Utilice la regla del Cociente.

$$h'(x) = \frac{\sec^2 x(1 + \tan x) - \sec^2 x \tan x}{(1 + \tan x)^2} = \frac{\sec^2 x}{(1 + \tan x)^2}$$

d. $i(x) = \tan(2x)$ Utilice la regla de la Cadena.

$$i'(x) = 2\sec^2(2x)$$

e. $j(x) = \cos(x^3 + x^2)$

$$j'(x) = -(3x^2 + 2x)\sin(x^3 + x^2)$$

f. $k(x) = \sin^2(\sqrt{x}\,)$ Utilice la regla de la Cadena dos veces.

$$k'(x) = 2\sin(\sqrt{x}\,)\cos(\sqrt{x}\,)0.5x^{-1/2}$$

g. $l(x) = e^x \sec(e^x + 1)$ Utilice la regla del Producto y de la Cadena.

$$l'(x) = e^x \sec(e^x + 1) + e^x \sec(e^x + 1)\tan(e^x + 1)e^x$$

h. $m(x) = \ln(\sec x + \tan x)$ Utilice la regla de la Cadena y simplifique.

$$m'(x) = \frac{\sec x \tan x \sec^2 x}{\sec x + \tan x} = \sec x \frac{\sec x + \tan x}{\sec x + \tan x} = \sec x$$

Reglas Básicas de Derivación

$$\frac{d}{dx}x^n = nx^{n-1} \qquad \frac{d}{dx}[af(x) \pm bg(x)] = af'(x) \pm bg'(x)$$

$$\frac{d}{dx}\ln x = \frac{1}{x} \qquad \frac{d}{dx}\log_a x = \frac{1}{x \ln a}$$

$$\frac{d}{dx}e^x = e^x \qquad \frac{d}{dx}a^x = a^x \ln a$$

$$\frac{d}{dx}\operatorname{sen} x = \cos x \qquad \frac{d}{dx}\csc x = -\csc x \cot x$$

$$\frac{d}{dx}\cos x = -\operatorname{sen} x \qquad \frac{d}{dx}\sec x = \sec x \tan x$$

$$\frac{d}{dx}\tan x = \sec^2 x \qquad \frac{d}{dx}\cot x = -\csc^2 x$$

$$\frac{d}{dx}\sin^{-1} x = \frac{1}{\sqrt{1-x^2}} \qquad \frac{d}{dx}\tan^{-1} x = \frac{1}{1+x^2}$$

Regla del Producto: $\qquad \dfrac{d}{dx}[u\,v] = u'v + uv'$

Regla del Cociente: $\qquad \dfrac{d}{dx}\left[\dfrac{u}{v}\right] = \dfrac{u'v - uv'}{v^2}$

Regla de la Cadena: $\qquad \dfrac{d}{dx}f[u(x)] = \dfrac{df}{du}\dfrac{du}{dx}$

23. Integrales de Funciones Trigonométricas [1] (3)

La integral indefinida $\int f(x)\,dx$ es la antiderivada de $f(x)$ denotada como $F(x)+C$.

Como la antiderivada es la operación inversa de la derivada, las reglas de derivación se pueden escribir en "reversa" para encontrar las integrales de varias funciones.

$$\tfrac{d}{dx}\left(x^3\right)=3x^2 \qquad\qquad \int 3x^2\,dx = x^3+C$$

$$\tfrac{d}{dx}\left(a^x\right)=3x^2 \qquad\qquad \int a^x\,dx = \tfrac{a^x}{\ln a}+C$$

Del mismo modo, como $\tfrac{d}{dx}\left(\sin x\right)=\cos x,\quad \tfrac{d}{dx}\left(\cos x\right)=-\sin x$, entonces

$$\int \cos x\,dx = \sin x + C \qquad\qquad \int \sin x\,dx = -\cos x + C$$

Use las derivadas de tangente, secante, cotangente y cosecante para encontrar las integrales de otras funciones trigonométricas.

Integrales Básicas Funciones Trigonométricas

$$\int \sin x\,dx = -\cos x + C \qquad\qquad \int \cos x\,dx = \sin x + C$$

$$\int \sec^2 x\,dx = \tan x + C \qquad\qquad \int \sec x \tan x\,dx = \sec x + C$$

$$\int \csc^2 x\,dx = -\cot x + C \qquad\qquad \int \csc x \cot x\,dx = -\csc x + C$$

Las integrales para $\tan x$, $\cot x$, $\sec x$, y $\csc x$ se encuentran con la regla de sustitución.

$$\int f[\,g(x)\,]g'(x)\,dx = \int f(u)\,du$$

$$u=g(x), \quad du=g'(x)dx$$

Integrales con Regla de la Sustitución

a. $\displaystyle\int \tan x\,dx = \int \frac{\sin x}{\cos x}\,dx = -\int \frac{du}{u} = -\ln|u|+C = -\ln|\cos x|+C = \ln|\sec x|+C$

  Sea $u=\cos x,\quad du=-\sin x\,dx$

b. $\displaystyle\int \cot x\,dx = \int \frac{\cos x}{\sin x}\,dx = \int \frac{du}{u} = \ln|u|+C = \ln|\sin x|+C$

  Sea $u=\sin x,\quad du=\cos x\,dx$.

Las integrales de $\sec x$ y $\csc x$ se encuentran al multiplicar por un "1" especial.

c. $\displaystyle\int \sec x \, dx = \int \sec x \frac{\tan x + \sec x}{\sec x + \tan x} \, dx = \int \frac{\sec x \tan x + \sec^2 x}{\sec x + \tan x} \, dx$

Sea $u = \sec x + \tan x$, $du = (\sec x \tan x + \sec^2 x) dx$

$$\int \frac{du}{u} = \ln|u| + C = -\ln|\sec x + \tan x| + C$$

d. $\displaystyle\int \csc x \, dx = \int \csc x \frac{\cot x + \csc x}{\csc x + \cot x} \, dx = \int \frac{\csc x \cot x + \csc^2 x}{\csc x + \cot x} \, dx$

Sea $u = \csc x + \cot x$, $du = -(\csc x \cot x + \csc^2 x) dx$

$$\int \frac{du}{u} = -\ln|u| + C = -\ln|\csc x + \cot x| + C$$

Ejercicio 1: Integre las siguientes funciones.

a. $\displaystyle\int \sec(8x) \tan(8x) \, dx = \frac{1}{8}\int \sec u \tan u \, du = \sec u + C = \sec(8x) + C$

$u = 8x, \qquad du = 8dx$

b. $\displaystyle\int \frac{\sin(4x)}{\cos^5(4x)} \, dx = -\frac{1}{4}\int u^{-5} du = \frac{-1}{4}\frac{-1}{4}u^{-4} + C = \frac{1}{16}\cos^{-4}(4x) + C = \frac{1}{16}\sec^4(4x) + C$

$u = \cos(4x), \qquad du = -4\sin(4x) dx$

c. $\displaystyle\int 8\tan(2x)\sec^2(2x) \, dx = 4\int u \, du = 2u^2 + C = 2\tan^2(2x) + C$

$u = \tan(2x), \qquad du = 2\sec^2(2x) dx$

d. $\displaystyle\int (3x^2+2x)\sec(x^3+x^2)\tan(x^3+x^2) \, dx = \int \sec u \tan u \, du = \sec u + C = \sec(x^3+x^2) + C$

$u = x^3 + x^2, \qquad du = (3x^2 + 2x) \, dx$

e. $\displaystyle\int 6\sqrt{x} \sec\sqrt{x^3} \, dx = 4\int \sec u \, du = 4\ln|\sec u + \tan u| + C$

$u = x^{3/2}, \qquad du = \frac{3}{2}x^{1/2}dx, \qquad 4\ln|\sec(x^{3/2}) + \tan(x^{3/2})| + C$

24. Integración de potencias impares de seno y coseno [1] (5)

Algunas integrales requieren el uso de identidades trigonométricas para reescribirlas y para poder usar posteriormente la regla de sustitución.

$$\sin^2 x + \cos^2 x = 1 \qquad\qquad \sin^2 x = \tfrac{1}{2}\left(1 - \cos 2x\right)$$
$$\tan^2 x + 1 = \sec^2 x \qquad\qquad \cos^2 x = \tfrac{1}{2}\left(1 + \cos 2x\right)$$

Evalúe $\int \sin^3 x \, dx$.

No se puede utilizar la sustitución $v = \sin x$, porque $dv = -\sin x\, dx$ está ausente.

Es necesario reescribir $\sin^3 x$ para poder hallar un término extra $\sin x$ ó $\cos x$

$$\sin^3 x = (\sin^2 x)\sin x$$

Utilice la identidad trigonométrica $\sin^2 x = 1 - \cos^2 x$.

$$\int \sin^3 x\, dx \underset{Reescriba}{=} \int (1 - \cos^2 x)\sin x\, dx$$

Utilice la sustitución $u = \cos x \quad du = -\sin x\, dx$

$$\int (1 - \underbrace{\cos^2 x}_{u^2})\underbrace{\sin x\, dx}_{-du} \underset{Sustituya}{=} -\int (1 - u^2)\, du \underset{Reescriba}{=} \int (-1 + u^2)\, du$$

Integre y regrese a la variable x.

$$\int (1 - \sin^2 x)\cos x\, dx = -u + \frac{u^3}{3} + C = -\cos x + \frac{1}{3}\cos^3 x + C$$

La estrategia para resolver integrales de esta forma se resume de la siguiente manera:

Potencias Impares de Seno o Coseno

$$\int \sin^m x \cos^n x \, dx$$

Si n ó m es impar.

- Aparte un término $\sin x$ si n es impar ó $\cos x$ si m es impar.
- Utilice la identidad $\sin^2 x + \cos^2 x = 1$.
- Rescriba seno en términos de coseno (o viceversa).
- Utilice la sustitución $u = \cos x$ si n es impar ó $u = \sin x$ si m es impar.

Ejercicio 1: Evalúe las siguientes integrales.

a. $\int \sin^5 x \cos^4 x \, dx = \int \sin^4 x \cos^4 x \, (\sin x) dx$ Potencia impar de seno.

Reescriba $\sin^4 x = (\sin^2 x)^2 = (1 - \cos^2 x)^2$

$$\int \sin^4 x \cos^4 x \, (\sin x) dx = \int (1 - \cos^2 x)^2 \cos^4 x \, (\sin x) dx$$

Sustitución: $u = \cos x, \quad du = -\sin x dx$

$$= -\int (1 - u^2)^2 u^4 \, du$$

Expanda: $= -\int (1 - 2u^2 + u^4) u^4 \, du$

Simplifique: $= -\int (u^4 - 2u^6 + u^8) \, du$

Integre: $= -\frac{1}{5}u^5 + \frac{2}{7}u^7 + \frac{1}{9}u^9 + C$

Respuesta: $= -\frac{1}{5}\cos^5(x) + \frac{2}{3}\cos^7(x) + \frac{1}{9}\cos^9(x) + C$

b. $\int \sin^2 x \cos^3 x \, dx$ Potencia impar de coseno.

Aparte coseno: $\int \sin^2 x \cos^3 x \, dx = \int \sin^2 x \cos^2 x \, (\cos x) dx$

Identidad Trig: $= \int \sin^2 x (1 - \sin^2 x) \, (\cos x) dx$

Sustitución: $u = \sin x, \quad du = \cos x dx$

$$= \int u^2 (1 - u^2) \, du$$

Simplifique: $= \int (u^2 - u^4) \, du$

Integre: $= \frac{1}{3}u^3 - \frac{1}{5}u^5 + C$

Respuesta: $= \frac{1}{3}\sin^3(x) + \frac{1}{5}\sin^5(x) + C$

c. $\int \cos^5 x \, dx = \int \cos^4 x \cos x \, dx = \int (\cos^2 x)^2 \cos x \, dx$

Utilice la identidad trigonométrica $\cos^2 x = 1 - \sin^2$.

$$\int \cos^5 x \, dx = \int (1 - \sin^2 x)^2 \cos x \, dx$$

Utilice la sustitución $u = \sin x \quad du = \cos x dx$

$$\int (1 - \underbrace{\sin^2 x}_{u^2})^2 \underbrace{\cos x dx}_{du} \underbrace{=}_{Sustituya} \int (1 - u^2)^2 \, du \underbrace{=}_{Reescriba} \int (1 - 2u^2 + u^4) du$$

Integre y regrese a la variable x.

$$\int (1 - \sin^2 x)^2 \cos x \, dx = u - \frac{2}{3}u^3 + \frac{1}{5}u^5 + C = \sin x - \frac{2}{3}\sin^3 x + \frac{1}{5}\sin^5 x + C$$

25. Integración de potencias pares de seno y coseno [1] (6)

Si ambas potencias de seno y coseno son pares, entonces no se puede separar un sólo término $\sin x$ ó $\cos x$ y aplicar la identidad $\sin^2 x + \cos^2 x = 1$.

Para este caso se deben utilizar las identidades de doble ángulo.

$$\sin^2 x = \tfrac{1}{2}\left(1 - \cos 2x\right) \qquad \cos^2 x = \tfrac{1}{2}\left(1 + \cos 2x\right)$$

Por ejemplo, evalúe la integral $\int \sin^2 x\, dx$

Utilice la primera identidad de doble ángulo y luego integre los dos términos:

$$\begin{aligned}\int \sin^2 x\, dx &= \tfrac{1}{2}\int (1 - \cos 2x)\, dx \\ &= \tfrac{1}{2}\left(x - \tfrac{1}{2}\sin 2x\right) + C \\ &= \tfrac{1}{2}x - \tfrac{1}{4}\sin 2x + C\end{aligned}$$

Ejercicio 1: Evalúe las siguientes integrales.

a. $\int \sin^2 x \cos^2 x\, dx$.

Utilice las identidades de doble ángulo para cada término seno y coseno al cuadrado.

$$\int \sin^2 x \cos^2 x\, dx = \int \frac{1}{4}(1 - \cos 2x)(1 + \cos 2x)\, dx$$

Desarrolle y observe que esta identidad se tiene que volver a aplicar para $\cos^2 2x$.

$$\begin{aligned}\int \sin^2 x \cos^2 x\, dx &= \frac{1}{4}\int (1 - \cos^2 2x)\, dx \\ \int \sin^2 x \cos^2 x\, dx &= \frac{1}{4}\int \left(1 - \frac{1}{2} - \frac{1}{2}\cos 4x\right) dx \\ \int \sin^2 x \cos^2 x\, dx &= \frac{1}{8}\int (1 - \cos 4x)\, dx\end{aligned}$$

Los términos resultantes se pueden integrar con las reglas básicas de integración.

$$\int \sin^2 x \cos^2 x\, dx = \frac{1}{8}\left(x - \frac{1}{4}\sin 4x\right) + C$$

b. $\int \cos^2 x \, dx$

Utilice la identidad de doble ángulo para coseno e integre.

$$\int \cos^2 x \, dx = \tfrac{1}{2} \int (1 + \cos 2x) \, dx$$
$$= \tfrac{1}{2} \left(x + \tfrac{1}{2} \sin 2x \right) + C$$
$$= \tfrac{1}{2} x + \tfrac{1}{4} \sin 2x + C$$

c. $\int \cos^4 x \, dx$

En este problema va a ser necesario utilizar la identidad de doble ángulo dos veces.

$$\int \cos^4 x \, dx = \int (\cos^2 x)^2 \, dx$$

Doble Ángulo: $\quad = \int \left(\tfrac{1}{2}[1 + \cos 2x]\right)^2 dx$

Expanda: $\quad = \tfrac{1}{4} \int (1 + 2\cos(2x) + \cos^2(2x)) \, dx$

Doble Ángulo: $\quad = \tfrac{1}{4} \int \left(1 + 2\cos(2x) + \tfrac{1}{2} + \tfrac{1}{2}\cos(4x)\right) dx$

Simplifique: $\quad = \tfrac{1}{4} \int \left(\tfrac{3}{2} + 2\cos(2x) + \tfrac{1}{2}\cos(4x)\right) dx$

Integre: $\quad = \tfrac{1}{4} \left(\tfrac{3}{2} x + \sin(2x) + \tfrac{1}{8}\sin(4x)\right) + C$

Respuesta: $\quad = \dfrac{3}{8} x + \dfrac{1}{4} \sin(2x) + \dfrac{1}{32} \sin(4x) + C$

26. Integración de potencias de secante y tangente [3] (7.2)

Utilice las siguientes identidades para integrar $\int \tan^m x \sec^n x\, dx$.

$$\sec^2 x = \tan^2 x + 1 \qquad \tan^2 x = \sec^2 x - 1$$

Ambas identidades se obtienen al dividir la identidad $\sin^2 x + \cos^2 x = 1$ por $\cos^2 x$.

Integración de Potencias de Secante y Tangente

- **Potencia par de secante:** Aparte $\sec^2 x$ y use $\sec^2 x = \tan^2 x + 1$.
- **Potencia impar de tangente:** Aparte $\sec x \tan x$ y use $\tan^2 x = \sec^2 x - 1$.

Ejercicio 1: Evalúe las siguientes integrales.

a. $\int \tan^6 x \sec^4 x\, dx$ Separe un término $\sec^2 x$ y utilice la sustitución $u = \tan x$.

$$\begin{aligned}
\int \tan^6 x \sec^4 x\, dx &= \int \tan^6 x \sec^2 x\, \sec^2 x\, dx \\
&= \int \tan^6 x (\tan^2 x + 1)\, \sec^2 x\, dx
\end{aligned}$$

Sea $u = \tan x \quad du = \sec^2 x\, dx$

$$\begin{aligned}
&= \int u^6(u^2 + 1)\, du = \int u^8 + u^6\, du \\
&= \frac{1}{9}u^9 + \frac{1}{7}u^7 + C \\
&= \frac{1}{9}\tan^9 x + \frac{1}{7}\tan^7 x + C
\end{aligned}$$

b. $\int \tan^5 x \sec^6 x\, dx$ Separe un término $\sec x \tan x$ y utilice la sustitución $u = \sec x$.

También utilice la identidad $\tan^2 x = \sec^2 x - 1$

$$\begin{aligned}
\int \tan^5 x \sec^6 x\, dx &= \int \tan^4 x \sec^5 x\, (\sec x \tan x)\, dx \\
&= \int (\sec^2 x - 1)^2 \sec^5 x\, (\sec x \tan x)\, dx
\end{aligned}$$

Sea $u = \sec x \quad du = \sec x \tan x\, dx$

$$\begin{aligned}
&= \int (u^2 - 1)^2 u^5\, du = \int (u^4 - 2u^2 + 1) u^5\, du \\
&= \int (u^9 - 2u^7 + u^5)\, du \\
&= \frac{1}{10}u^{10} - \frac{2}{8}u^8 + \frac{1}{6}u^6 + C \\
&= \frac{1}{10}\sec^{10} x - \frac{1}{4}\sec^8 x + \frac{1}{6}\sec^6 x + C
\end{aligned}$$

Las potencias sólo de $\sec^n x$ ó $\tan^m x$ se integran con diferentes estrategias.

a. $\int \tan x\, dx = \int \dfrac{\sin x}{\cos x} du = -\int \dfrac{du}{u} = -\ln|\cos x| + C$ ó $\ln|\sec x| + C$

b. $\int \sec x\, dx = \ln|\sec x + \tan x| + C$

c. $\int \tan^2 x\, dx = \int (\sec^2 x - 1) = \tan x - x + C$

d. $\int \sec^2 x\, dx = \tan x + C$

e. $\int \tan^3 x\, dx = \int \tan x \tan^2 x\, dx = \int \tan x (\sec^2 x - 1) dx$
$= \int \tan x \sec^2 x\, dx - \int \tan x\, dx = \dfrac{1}{2} \tan^2 x + \ln|\cos x| + C$

f. La integral de $\sec^3 x$ se encuentra por medio de la fórmula de reducción:
$$\int \sec^n x\, dx = \dfrac{1}{n-1} \sec^{n-2} x \tan x + \dfrac{n-2}{n-1} \int \sec^{n-2} x\, dx$$

Esta fórmula se deriva por medio de la técnica de Integración por Partes (17).

En este caso $n = 3$ y $n - 2 = 1$, $n - 1 = 2$

$$\begin{aligned}\int \sec^3 x\, dx &= \dfrac{1}{2} \sec x \tan(x) + \dfrac{1}{2} \int \sec x\, dx \\ &= \dfrac{1}{2} \sec x \tan(x) + \dfrac{1}{2} \ln|\sec x + \tan x| + C\end{aligned}$$

27. Sustitución Trigonométrica [1] (10)

La ecuación de un círculo unitario es $x^2 + y^2 = 1$.

La ecuación de cada semicírculo es $y = \pm\sqrt{1-x^2}$.

El área del círculo es el cuatro veces el área de un cuarto de círculo.

$$A = 4\int_0^1 \sqrt{1-x^2}\, dx$$

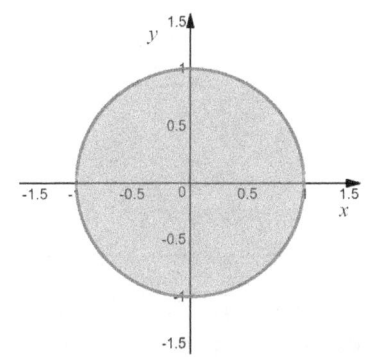

No se puede integrar por sustitución $u = 1 - x^2$ porque no se tiene un término $-2x\, dx$.

Como $\sin^2\theta + \cos^2\theta = 1$, propongamos $x = \sin\theta$, el nuevo diferencial es $dx = \cos\theta d\theta$.

El integrando se simplifica a $\sqrt{1-x^2} = \sqrt{1-\sin^2\theta} = \sqrt{\cos^2\theta} = \cos\theta$.

Aplicando esta sustitución la integral se simplifica a:

$$\int \underbrace{\sqrt{1-x^2}}_{\cos\theta}\, \underbrace{dx}_{\cos\theta d\theta} = \int \cos^2\theta\, d\theta$$

La siguiente integral se evalúa utilizando las técnicas de integración trigonométrica.

$$4\int \cos^2\theta\, d\theta = 2\int (1+\cos 2\theta)d\theta = 2\theta + \sin 2\theta + C = 2\theta + 2\sin\theta\cos\theta + C$$

Exprese θ, $\sin 2\theta = 2\sin\theta\cos\theta$ en términos de x.

Como $x = \sin\theta$, se traza un triángulo rectángulo con lado opuesto x e hipotenusa 1.

$$\begin{aligned}\theta &= \sin^{-1} x \\ \sin\theta &= x \\ \cos\theta &= \sqrt{1-x^2}\end{aligned}$$

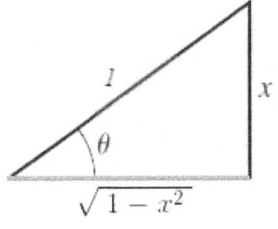

Por lo que $2\theta + 2\sin\theta\cos\theta + C = 2\sin^{-1} x + 2x\sqrt{1-x^2} + C$.

El área se encuentra evaluando la integral definida en los límites de integración $x = 0, 1$.

$$\begin{aligned}A = 4\int_0^1 \sqrt{1-x^2}\, dx &= \left. 2\sin^{-1} x + 2x\sqrt{1-x^2}\right]_0^1 \\ &= 2\left(\sin^{-1}(1) + 1\cdot 0\right) - 2\left(\sin^{-1}(0) + 1\cdot 0\right) \\ &= 2\left(\frac{\pi}{2}\right) - 0 = \pi\end{aligned}$$

Sustitución Inversa

El proceso de integración utilizando con anterioridad se conoce como sustitución inversa.

$$\int f(x)\, dx = \int f(\,g(\theta)\,)\, g'(\theta)\, d\theta$$
$$\text{Sea} \quad x = g(\theta) \qquad dx = g'(\theta)\, d\theta$$

El objetivo de la sustitución inversa es que $f(\,g(\theta)\,)\, g'(\theta)$ sea una función que se pueda integrar por medio de reglas de integración conocidas.

Las sustituciones inversas más comunes son las sustituciones trigonométricas, las cuales se utilizan para los casos $\sqrt{a^2 - x^2}$, $\sqrt{a^2 + x^2}$, $\sqrt{x^2 - a^2}$.

Sustitución Trigonométrica de la Forma $\sqrt{a^2 - x^2}$

El triángulo rectángulo tiene hipotenusa a y C.O. x.

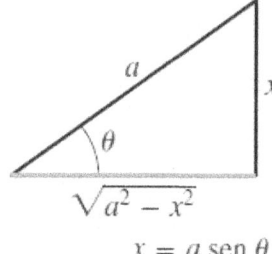

Sustitución:	x	$= a \cdot \sin \theta$
Diferencial:	dx	$= a \cdot \cos \theta\, d\theta$
Identidad:	$\cos^2 \theta$	$= 1 - \sin^2 \theta$
Simplificación:	$\sqrt{a^2 - x^2}$	$= a \cdot \cos \theta$

$x = a\,\text{sen}\,\theta$

Ejercicio 1: Evalúe las siguientes integrales.

a. $\displaystyle\int \frac{x}{\sqrt{25 - x^2}}\, dx$

Método 1: Utilice sustitución trigonométrica $x = 5\sin\theta$, $dx = 5\cos\theta\, d\theta$

$$\int \frac{x}{\sqrt{25 - x^2}}\, dx = \int \frac{5 \sin \theta}{5 \cos \theta} 5 \cos \theta\, d\theta = 5 \int \sin \theta\, d\theta = -5 \cos \theta + C$$

Se obtiene la misma respuesta, pero con más facilidad.

Utilice el triángulo rectángulo.

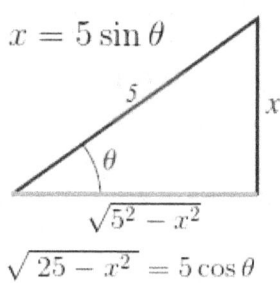

$$\cos \theta = \frac{\sqrt{25 - x^2}}{5}$$

$$\int \frac{x}{\sqrt{25 - x^2}}\, dx = -\sqrt{25 - x^2} + C$$

$x = 5 \sin \theta$

$\sqrt{25 - x^2} = 5 \cos \theta$

Método 2: Utilice SIMPLEMENTE la sustitución $u = 25 - x^2$, $du = -2x\,dx$

$$\int (25 - x^2)^{-1/2}\, x\, dx = -\frac{1}{2} \int u^{-1/2}\, du = -u^{1/2} + C = -\sqrt{25 - x^2} + C$$

b. $\int \dfrac{x^3}{\sqrt{9-x^2}}\, dx$

Trace un triángulo rectángulo con hipotenusa igual a 3 y cateto opuesto igual a x.

Sustitución:	$x = 3\sin\theta$
Diferencial:	$dx = 3\cos\theta\, d\theta$
Simplificación:	$\sqrt{9-x^2} = 3\cos\theta$
Sustituya:	$\int \dfrac{x^3}{\sqrt{9-x^2}}\, dx = \int \dfrac{27\sin^3\theta}{3\cos\theta} 3\cos\theta\, d\theta$
Simplifique:	$= 27\int \sin^3\theta\, d\theta$

Evalúe por medio de integración trigonométrica, separe un término $\sin\theta$.

$$27\int \sin^3\theta\, d\theta = 27\int \sin^2\theta(\sin\theta\, d\theta) = 27\int (1-\cos^2\theta)(\sin\theta\, d\theta)$$

$$u = \cos\theta, \qquad du = -\sin\theta\, d\theta$$

$$27\int (1-\cos^2\theta)(\sin\theta\, d\theta) = -27\int (1-u^2)\, du = -27u + 9u^3 + C$$

$$= -27\cos\theta + 9\cos^3\theta + C$$

Regrese a la variable original x utilizando el triángulo rectángulo $\cos\theta = \dfrac{\sqrt{9-x^2}}{3}$.

$$\int \dfrac{x^3}{\sqrt{9-x^2}}\, dx = -9\sqrt{9-x^2} + \tfrac{1}{3}(9-x^2)^{3/2} + C$$

c. $\int \dfrac{1}{\sqrt{a^2-u^2}}\, du$ La integral de esta función es el seno inverso.

Utilice un triángulo rectángulo con hipotenusa a y cateto opuesto u.

Sustitución:	$u = a\sin\theta$
Diferencial:	$du = a\cos\theta\, d\theta$
Simplificación:	$\sqrt{a-u^2} = a\cos\theta$
Sustituya:	$\int \dfrac{1}{\sqrt{a-u^2}}\, du = \int \dfrac{a\cos\theta}{a\cos\theta}\, d\theta$
Integre:	$= \int d\theta = \theta + C$
Regrese variable x:	$= \sin^{-1}\left(\dfrac{u}{a}\right) + C$

Como $u = a\sin\theta$, utilice la función inversa de seno $\sin^{-1} y$ para encontrar θ.

Sustitución Trigonométrica de la Forma $\sqrt{x^2 + a^2}$

El triángulo rectángulo tiene C.O. x y C.A. a.

Sustitución: $\quad x = a \cdot \tan\theta$
Diferencial: $\quad dx = a \cdot \sec^2\theta\, d\theta$
Identidad: $\quad \sec^2\theta = \tan^2\theta + 1$
Simplificación: $\quad \sqrt{a^2 \tan^2\theta + a^2} = a \cdot \sec\theta$

$x = a\tan\theta$

Ejercicio 2: *Encuentre las siguientes integrales.*

a. $\displaystyle\int \frac{1}{x^2 + 16}\, dx = \int \frac{4\sec^2\theta}{\underbrace{16\tan^2\theta + 16}_{16\sec^2\theta}}\, d\theta = \int \frac{1}{4}\, d\theta = \frac{\theta}{4} + C = \frac{1}{4}\tan^{-1}\left(\frac{x}{4}\right) + C$

Utilice la sustitución $x = 4\tan\theta$, $dx = 4\sec^2\theta$, note que $\theta = \tan^{-1}\left(\dfrac{x}{4}\right)$.

b. $\displaystyle\int \frac{125}{x^2\sqrt{x^2 + 25}}\, dx$

Utilice un triángulo rectángulo con cateto opuesto x y cateto adyacente 5.

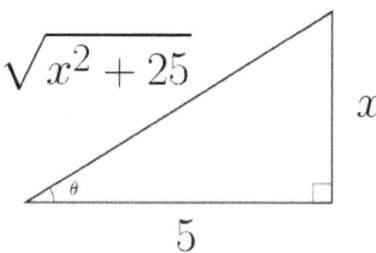

Sustitución: $\quad x = 5\tan\theta$
Diferencial: $\quad dx = 5\sec^2\theta\, d\theta$
Simplificación: $\quad \sqrt{x^2 + 25} = 5\sec\theta$

Sustituya: $\displaystyle\int \frac{125}{x^2\sqrt{x^2+25}}\, dx = \int \frac{125}{(25\tan^2\theta)(5\sec\theta)}5\sec^2\theta\, d\theta$

Simplifique: $\displaystyle\int \frac{5\sec\theta}{\tan^2\theta}\, d\theta = \int \frac{5\cos^2\theta}{\cos\theta\sin^2\theta}\, d\theta = \int \frac{5\cos\theta}{\sin^2\theta}\, d\theta$

Realice la sustitución $u = \sin\theta$, $du = \cos\theta\, d\theta$

$\displaystyle\int \frac{5\cos\theta}{\sin^2\theta}\, d\theta = \int \frac{5}{u^2}\, du = -\frac{5}{u} + C = -\frac{5}{\sin\theta} + C = -5\csc\theta + C$

Utilice el triángulo rectángulo para encontrar que $\csc\theta = \dfrac{\sqrt{x^2+25}}{x}$

$\displaystyle\int \frac{125}{x^2\sqrt{x^2+25}}\, dx = -5\csc\theta + C = -5\frac{\sqrt{x^2+25}}{x} + C$

c. $\int \dfrac{72}{(36+x^2)^{3/2}}\,dx$

Utilice un triángulo rectángulo con cateto opuesto x y cateto adyacente 6.

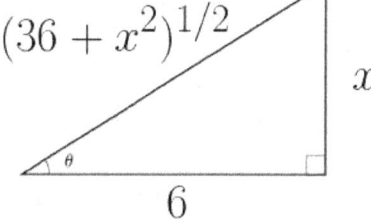

Sustitución:	$x = 6\tan\theta$
Diferencial:	$dx = 6\sec^2\theta\,d\theta$
Simplificación:	$\sqrt{x^2+36} = 6\sec\theta$
Simplificación:	$(x^2+36)^{3/2} = 6^3\sec^3\theta$
Sustituya:	$\int \dfrac{72}{(36+x^2)^{3/2}}\,dx = \int \dfrac{72\cdot 6\sec^2\theta}{36\cdot 6\sec^3\theta}\,d\theta$

Simplifique: $\int \dfrac{2}{\sec\theta}\,d\theta = \int 2\cos\theta\,d\theta$

Integre: $2\sin\theta + C$

Utilice el triángulo rectángulo para encontrar que $\sin\theta = \dfrac{x}{\sqrt{x^2+36}}$

$$\int \dfrac{72}{(36+x^2)^{3/2}}\,dx = 2\sin\theta + C = \dfrac{2x}{\sqrt{x^2+36}} + C$$

d. $\int \dfrac{4}{(1+x^2)^2}\,dx$

Utilice un triángulo rectángulo con cateto opuesto x y cateto adyacente 1.

Sustitución:	$x = \tan\theta$
Diferencial:	$dx = \sec^2\theta\,d\theta$
Simplificación:	$\sqrt{x^2+1} = \sec\theta$
Simplificación:	$(1+x^2)^2 = (\sqrt{1+x^2})^2 = \sec^4\theta$
Sustituya:	$\int \dfrac{4}{(1+x^2)^2}\,dx = \int \dfrac{4\sec^2\theta}{\sec^4\theta}\,d\theta$
Simplifique:	$= \int \dfrac{4}{\sec^2\theta}\,d\theta = \int 4\cos^2\theta\,d\theta$
Identidad Doble Ángulo:	$= \int 2 + 2\cos(2\theta)\,d\theta$
Integre:	$= 2\theta + \sin(2\theta) + C$

Utilice la identidad de suma de ángulos $\sin(2\theta) = 2\sin\theta\cos\theta$.

Regrese a la variable x, $\sin\theta = \dfrac{x}{\sqrt{1+x^2}}$, $\cos\theta = \dfrac{1}{\sqrt{1+x^2}}$, $x = \tan^{-1}\theta$.

$$\int \dfrac{4}{(1+x^2)^2}\,dx = 2\theta + 2\sin(\theta)\cos(\theta) + C = 2\tan^{-1}\theta + \dfrac{x}{\sqrt{1+x^2}}\dfrac{2}{\sqrt{1+x^2}} + C$$

Sustitución Trigonométrica de la Forma $\sqrt{x^2 - a^2}$

El triángulo rectángulo tiene hipotenusa x y C.A. a.

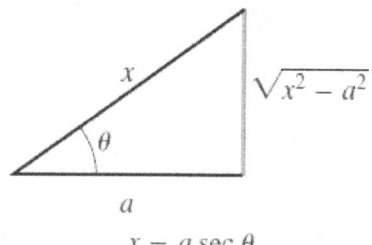

$$x = a \sec \theta$$

Sustitución: $\quad x = a \cdot \sec \theta$
Diferencial: $\quad dx = a \cdot \sec \theta \tan \theta \, d\theta$
Identidad: $\quad \tan^2 \theta = \sec^2 \theta - 1\theta$
Simplificación: $\quad \sqrt{a^2 \sec^2 \theta - a^2} = a \cdot \tan \theta$

Ejercicio 3: *Evalúe las siguientes integrales.*

a. $\displaystyle\int \frac{(x^2 - 4)^{3/2}}{x^6} \, dx$

Utilice un triángulo rectángulo con hipotenusa x y cateto adyacente 2.

Sustitución: $\quad x = 2 \sec \theta$
Diferencial: $\quad dx = 2 \sec \theta \tan \theta \, d\theta$
Simplificación: $\quad (x^2 - 4)^{1/2} = 2 \tan \theta$
$\quad (x^2 - 4)^{3/2} = 2^3 \tan^3 \theta$

Sustituya: $\displaystyle\int \frac{(x^2 - 4)^{3/2}}{x^6} \, dx = \int \frac{2^3 \tan^3 \theta}{2^6 \sec^6 \theta} \, 2 \sec \theta \tan \theta \, d\theta$

Simplifique: $\displaystyle\int \frac{\tan^4 \theta}{2^2 \sec^5 \theta} \, d\theta = \frac{1}{4} \int \frac{\sin^4 \theta}{\cos^4 \theta} \cos^5 \theta \, d\theta = \frac{1}{4} \int \sin^4 \theta \cos \theta \, d\theta$

Realice la sustitución $u = \sin \theta$, $du = \cos \theta \, d\theta$.

$$\frac{1}{4} \int \sin^4 \theta \cos \theta \, d\theta = \frac{1}{4} \int u^4 \, du = \frac{1}{20} u^5 + C = \frac{1}{20} \sin^5 \theta + C$$

Regrese a la variable x, $\quad \sin \theta = \dfrac{(x^2 - 4)^{1/2}}{x}$

$$\int \frac{(x^2 - 4)^{3/2}}{x^6} \, dx = \frac{1}{20} \sin^5 \theta + C = \frac{1}{20} \frac{(x^2 - 4)^{5/2}}{x^5} + C$$

b. $\int \dfrac{1}{\sqrt{t^2 - 100}}\, dt$

Utilice un triángulo rectángulo con hipotenusa t y cateto adyacente 10.

Sustitución: $\qquad t = 10\sec\theta$

Diferencial: $\qquad dt = 10\sec\theta\tan\theta\, d\theta$

Simplificación: $\qquad (t^2 - 100)^{1/2} = 10\tan\theta$

Sustituya: $\qquad \displaystyle\int \dfrac{1}{\sqrt{t^2 - 100}}\, dt = \int \dfrac{10\sec\theta\tan\theta}{10\tan\theta}\, d\theta$

Simplifique: $\qquad = \displaystyle\int \sec\theta\, d\theta$

Integre: $\qquad = \ln|\sec\theta + \tan\theta| + C$

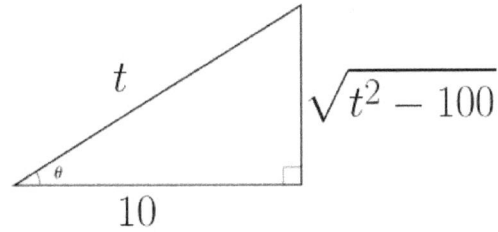

Regrese a la variable x, $\quad \sec\theta = \dfrac{10}{t}, \quad \tan\theta = \dfrac{\sqrt{t^2 - 100}}{t}$

$$\int \dfrac{1}{\sqrt{t^2 - 100}}\, dt = \ln|\sec\theta + \tan\theta| + C = \ln\left|\dfrac{10}{t} + \dfrac{\sqrt{t^2 - 100}}{t}\right| + C$$

28. Integración por partes [1] (8)

Esta técnica de integración permite evaluar las siguientes integrales:

$$\int \ln x \, dx \qquad \int x^n e^x \, dx \qquad \int x^n \sin x \, dx \qquad \int \sin^{-1} x \, dx$$

y otras que no se pueden encontrar por medio de la regla de sustitución.

Regla del Producto para la Diferenciación

Derive: $\qquad (fg)' = f'g + fg'$

Reescriba: $\qquad fg' = (fg)' - f'g$

Integre respecto a x, la integral y derivada se cancelan entre sí $\int (fg)' dx = fg$

$$\int fg' dx = uv - \int f'g \, dx$$

Esta fórmula se conoce como **Integración por Partes (IPP)** y es el equivalente a la regla del producto para la integración.

Utilice notación de diferenciales $u = f(x)$, $dv = g'(x)dx$, $du = f'(x)dx$, $v = g(x)$ para expresar esta fórmula de manera más compacta.

Integración por Partes: (IPP)

Sea: $\qquad u = f(x) \qquad v = g(x)$
$\qquad\qquad du = f'(x)dx \qquad dv = g'(x)dx$

$$\int u \, dv = uv - \int v \, du$$

Objetivo IPP: Obtener una integral $\int v \, du$ más simple que la integral original $\int u \, dv$.

En este caso u es la función que se deriva. $\qquad dv$ es la función que se integra.

Ejercicio 1: Integre $\int x e^x dx$

Sea: $\qquad u = x \qquad dv = e^x dx$
$\qquad\qquad du = dx \qquad v = e^x$

$$\int \underbrace{x}_{u} \underbrace{e^x}_{dv} = \underbrace{x}_{u} \underbrace{e^x dx}_{v} - \int \underbrace{e^x}_{v} \underbrace{dx}_{du}$$

$$= xe^x - e^x + C$$

Derive la respuesta para comprobar la respuesta $(xe^x - e^x + c)' = 1 \cdot e^x + xe^x - e^x = xe^x$.

Observación: Si se seleccionan diferentes u y dv se puede complicar la integración.

$$u = e^x \qquad dv = xdx$$
$$du = e^x dx \qquad v = x^2/2$$

$$\int \underbrace{e^x}_{u} \underbrace{xdx}_{dv} = \underbrace{e^x}_{u} \underbrace{\frac{x^2}{2}}_{v} - \int \underbrace{\frac{x^2}{2}}_{v} \underbrace{e^x dx}_{du}$$

Si el integrando tiene una sola función, ésta se deriva $du = f'(x)dx$ y $dv = dx, \quad v = x$.

Ejercicio 2: Integre las siguientes funciones.

a. $\int \ln x \, dx$

$$u = \ln x \qquad dv = dx$$
$$du = \frac{1}{x} dx \qquad v = x$$

$$\int \ln x \, dx = x \ln x - \int \frac{x}{x} dx$$

$$\int \ln x \, dx = x \ln x - \int dx = x \ln x - x + C$$

b. $\int \sin^{-1} x \, dx$

$$u = \sin^{-1} x \qquad dv = dx$$
$$du = \frac{1}{\sqrt{1-x^2}} \qquad v = x$$

$$\int \sin^{-1} x \, dx = x \sin^{-1} x - \int x(1-x^2)^{-1/2} \, dx$$

$$\int \sin^{-1} x \, dx = x \sin^{-1} x + \sqrt{1-x^2} + C$$

c. $\int 6x^2 \ln x \, dx$

En este caso la integral de $\ln x$ se desconoce por lo que esta función se va a derivar.

$$u = \ln x \qquad dv = 6x^2 dx$$
$$du = \frac{1}{x} dx \qquad v = 2x^3$$

$$\int \underbrace{(\ln x)}_{u} \underbrace{6x^2 dx}_{dv} = \underbrace{(\ln x)}_{u} \underbrace{2x^3}_{v} - \int \underbrace{2x^3}_{v} \underbrace{\frac{dx}{x}}_{du}$$

$$\int 6x^2 \ln x \, dx = 2x^3 \ln x - \int 2x^2 \, dx = 2x^3 \ln x - \frac{2}{3}x^3 + C$$

En algunos problemas es necesario utilizar IPP más de una vez.

Ejercicio 3: Integre las siguientes funciones.

a. $\int x^2 \cos x \, dx$

$$u = x^2 \qquad dv = \cos x \, dx$$
$$du = 2x \, dx \qquad v = \sin x$$

$$\int x^2 \cos x \, dx = x^2 \sin x - 2 \int x \sin x \, dx$$

Realice integración integración de partes de nuevo para la segunda integral.

$$u = x \qquad dv = \sin x \, dx$$
$$du = dx \qquad v = -\cos x$$

$$\int x \sin x \, dx = -x \cos x + \int \cos x \, dx = -x \cos x + \sin x + C$$

La integral de la función es:

$$\int x^2 \cos x \, dx = x^2 \sin x + 2x \cos x - 2 \sin x + C$$

b. $\int \dfrac{x^2}{\sqrt{4+x}} \, dx$

$$u = x^2 \qquad dv = \dfrac{1}{\sqrt{4+x}} dx$$
$$du = 2x \, dx \qquad v = 2\sqrt{4+x}$$

$$\int \dfrac{x^2}{\sqrt{4+x}} \, dx = 2x^2 \sqrt{4+x} - 4 \int x\sqrt{4+x} \, dx$$

Realice integración integración de partes de nuevo para la segunda integral.

$$u = x \qquad dv = \sqrt{4+x} \, dx$$
$$du = dx \qquad v = \dfrac{2}{3}(4+x)^{3/2}$$

$$\int x\sqrt{4+x} \, dx = \dfrac{2}{3}x(4+x)^{3/2} - \int \dfrac{2}{3}(4+x)^{3/2} \, dx = \dfrac{2}{3}x(4+x)^{3/2} - \dfrac{4}{15}(4+x)^{5/2} + C$$

La integral de la función es:

$$\int \dfrac{x^2}{\sqrt{4+x}} \, dx = 2x^2\sqrt{4+x} - \dfrac{8}{3}x(4+x)^{3/2} + \dfrac{16}{15}(4+x)^{5/2} + C$$

Integración por partes para Integrales Definidas

Combine IPP con la con el Teorema de Evaluación para obtener:

$$\int_a^b u\,dv = uv\Big|_a^b - \int_a^b v\,du$$

Ejercicio 3: Evalúe las siguientes expresiones.

a. $\displaystyle\int_1^e \sqrt{x}\ln x^9\,dx = 9\int_1^e \overbrace{(\ln x)}^{u}\overbrace{x^{1/2}dx}^{dv}$ Reescriba

$\displaystyle = 9\cdot\frac{2}{3}x^{3/2}\ln x\Big|_1^e - 6\int_1^e x^{1/2}dx$ IPP

$= 6e^{3/2} - 6\cdot 1^{3/2}\ln 1 - 4e^{3/2} + 4\cdot 1^{3/2}$ Evalúe

$= 2e^{3/2} + 4$ Simplifique

b. $\displaystyle 72\int_1^2 \frac{\ln x}{x^4}dx$

$$u = \ln x \qquad dv = 72x^{-4}dx$$
$$du = x^{-1}dx \qquad v = -24x^{-3}$$

$\displaystyle 72\int_1^2 \frac{\ln x}{x^4}dx = -\frac{24}{x^3}\ln x\Big]_1^2 + \int_1^2 24x^{-4}\,dx$

$\displaystyle = -\frac{24}{8}\ln 2 + \frac{24}{1}\ln 1 - \frac{8}{x^3}\Big]_1^2$

$\displaystyle = -3\ln 2 + 0 - \frac{8}{8} + \frac{8}{1}$

$= -3\ln 2 - 1 + 8 = 7 - 3\ln 2$

$$\int x^4 e^x\,dx = x^4 e^x - 4x^3 e^x + 12x^2 e^x - 24e^x + C$$

La integral se encontró con el método tabular para IPP.

D		I
x^4		e^x
$4x^3$	+	e^x
$12x^2$	-	e^x
$24x$	+	e^x
24	-	e^x
0		e^x

29. Integración de Funciones Racionales [1] (12)

Una función racional tiene la forma $f(x) = \dfrac{P(x)}{Q(x)}$, donde $P(x)$ y $Q(x)$ son polinomios. Si el grado del numerador P es menor que el grado del denominador Q, la función racional se conoce como **fracción propia**.

Por ejemplo: $\dfrac{6}{x^2 - 9}$, $\dfrac{x^2 + 1}{x^4 - 1}$ y $\dfrac{6}{x^3 - 9x}$ son fracciones propias.

Una función racional se puede integrar si se expresa como una suma de fracciones simples, las cuales se pueden integrar usando reglas conocidas de integración.

$$\int \frac{1}{ax+b}\, dx = \frac{1}{a} \ln|ax+b| + C \qquad \int \frac{1}{x^2 + a^2}\, dx = \frac{1}{a} \tan^{-1}\left(\frac{x}{a}\right) + C$$

Por ejemplo, integre $\displaystyle\int \frac{6}{x^2 - 9}\, dx$.

La función racional se puede escribir como una suma de dos funciones racionales más simples.

$$\frac{6}{x^2 - 9} = \frac{6}{(x-3)(x+3)} = \frac{A}{x-3} + \frac{B}{x+3}$$

Los coeficientes A y B se obtienen al resolver un sistema de ecuaciones.

Multiplique la función racional por $(x-3)(x+3)$.

$$6 = A(x+3) + B(x-3)$$
$$0x + 6 = Ax + 3A + Bx - 3B$$
$$0x + 6 = (A+B)x + (3A - 3B)$$

Agrupe términos semejantes y resuelva el siguiente sistema de ecuaciones.

$$A + B = 0$$
$$3A - 3B = 6$$

Utilice reducción para resolver este sistema de ecuaciones.

$$\begin{bmatrix} 1 & 1 & | & 0 \\ 3 & -3 & | & 6 \end{bmatrix} \xrightarrow{R_2 - 3R_1} \begin{bmatrix} 1 & 1 & | & 0 \\ 0 & -6 & | & 6 \end{bmatrix} \begin{matrix} R_1 + R_2/6 \\ -R_2/6 \end{matrix} \begin{bmatrix} 1 & 0 & | & 1 \\ 0 & 1 & | & -1 \end{bmatrix} \quad \begin{matrix} A = 1 \\ B = -1 \end{matrix}$$

Después de encontrar los coeficientes, se puede integrar cada una de las funciones.

$$\int \underbrace{\frac{6}{x^2 - 9}}_{Desconocida}\, dx = \int \underbrace{\frac{1}{x-3}}_{Conocida}\, dx - \int \underbrace{\frac{1}{x+3}}_{Conocida}\, dx = \ln|x-3| - \ln|x+3| + C$$

Tipos de Fracciones Parciales

Para poder simplificar una función racional en sus fracciones parciales es necesario que el grado del numerador sea menor que el del denominador.

El polinomio del denominador $Q(x)$ se puede factorizar como un producto de factores lineales $(ax+b)$ y/o de factores cuadráticos $x^2 + a^2$, cada uno de estos factores tiene su propia forma en fracción parcial.

Hay cuatro casos distintos para simplificar funciones racionales en fracciones parciales.

I. Factor Lineal Distinto:

$$\frac{A}{ax+b}$$

II. Factor Lineal Repetido k veces:

$$\frac{A_1}{(ax+b)} + \frac{A_2}{(ax+b)^2} + \frac{A_3}{(ax+b)^3} + \cdots + \frac{A_k}{(ax+b)^k}$$

III. Factor Cuadrático Distinto: si $ax^2 + bx + c$ no se puede expresar como un producto de dos factores lineales.

$$\frac{Ax+B}{ax^2+bx+c}$$

IV. Factor Cuadrático Repetido k veces:

$$\frac{A_1 x + B_1}{ax^2+bx+c} + \frac{A_2 x + B_2}{(ax^2+bx+c)^2} + \cdots + \frac{A_k x + B_k}{(ax^2+bx+c)^k}$$

Caso I: $Q(x)$ es producto sólo de términos lineales distintos

El denominador $Q(x)$ se puede expresar como un producto de factores lineales distintos:

$$Q(x) = (a_1 x + b_1)(a_2 x + b_2) \cdots (a_k x + b_k)$$
$$\frac{P(x)}{Q(x)} = \frac{A_1}{a_1 x + b_1} + \frac{A_2}{a_2 x + b_2} + \cdots + \frac{A_k}{a_k x + b_k}$$

Encuentre los coeficientes $A_1, A_2, \cdots A_k$ resolviendo ecuaciones algebraicas.

El término lineal en cada denominador se integra con la siguiente regla de integración:

$$\int \frac{1}{ax+b}\, dx = \frac{1}{a} \ln|ax+b| + C$$

Ejercicio 1: Evalúe $\displaystyle\int \frac{9z}{2z^2 + 7z - 4}\, dz = \int \frac{9z}{(z+4)(2z-1)}\, dz$

La descomposición en fracciones parciales del integrando es:
$$\frac{9z}{(z+4)(2z-1)} = \frac{A}{z+4} + \frac{B}{2z-1}$$

Los coeficientes A y B se pueden encontrar de dos maneras:

- Solución por igualación de coeficientes.
- Solución por valuación

Solución por igualación de coeficientes:

Multiplique por $(z+4)(2z-1)$
$$9z = A(2z-1) + B(z+4)$$
$$9z = 2Az - A + Bz + 4B$$
$$1\cdot z + 0\cdot 1 = (2A+B)z - A + 4B$$

Agrupe cada término y resuelva el siguiente sistema de ecuaciones
$$2A + B = 9$$
$$-A + 4B = 0$$

$$\begin{bmatrix} 2 & 1 & | & 9 \\ -1 & 4 & | & 0 \end{bmatrix} \xrightarrow{2R_2 + R_1} \begin{bmatrix} 2 & 1 & | & 9 \\ 0 & 9 & | & 9 \end{bmatrix} \begin{array}{c} R_1 - R_2/9 \\ R_2/9 \end{array} \begin{bmatrix} 2 & 0 & | & 8 \\ 0 & 1 & | & 1 \end{bmatrix} \quad \begin{array}{l} A = 4 \\ B = 1 \end{array}$$

Solución por Valuación: Los coeficientes se pueden encontrar de forma más sencilla:

- Multiplique cada fracción por el denominador común.
- Encuentre todos los números donde el denominador común es cero.
- Evalúe la expresión en cada uno de estos números para obtener el valor de cada coeficiente por separado.

$$A(2z-1) + B(z+4) = 9z$$

$$\begin{array}{lll} z = -4 & -9A + 0B = -36 & \Rightarrow \quad A = 4 \\ z = \dfrac{1}{2} & 0A + \dfrac{9}{2}B = \dfrac{9}{2} & \Rightarrow \quad B = 1 \end{array}$$

Integración de las Fracciones Parciales

Integre después de obtener los coeficientes $A = 4,\ B = 1$ de las fracciones parciales:

$$\int \frac{z}{(z+4)(2z-1)}\, dz = \int \frac{4}{z+4}\, dz + \int \frac{1}{2z-1}\, dz$$
$$= 4\ln|z+4| + \frac{1}{2}\ln|2z-1| + C$$

Ejercicio 2: *Evalúe las siguientes integrales. Encuentre los coeficientes usando valuación.*

a. $\int \dfrac{5x+13}{x^2+5x+6}\,dx$

El denominador tiene dos factores lineales distintos $x^2+5x+6 = (x+2)(x+3)$.

$$\frac{5x+13}{x^2+5x+6} = \frac{A}{(x+2)} + \frac{B}{(x+3)}$$

El denominador es igual a acero cuando $x=-2$ y $x=-3$.
Multiplique la ecuación por $(x+2)(x+3)$.

$$A(x+3) + B(x+2) = 5x+13$$

$x=-2 \qquad A+0B = -10+13 = 3 \qquad \Rightarrow \qquad A=3$

$x=-3 \qquad 0A-B = -15+13 = -2 \qquad \Rightarrow \qquad B=2$

Integre cada fracción parcial:

$$\int \frac{5x+13}{(x+2)(x+3)}\,dx = \int \frac{3}{x+2}\,dx + \int \frac{2}{x+3}\,dx$$
$$= 3\ln|x+2| + 2\ln|x+3| + C$$

b. $\int \dfrac{x^2+2x-1}{x^3-x}\,dx$

El denominador tiene 3 factores lineales distintos $x^3-x = x(x^2-1) = x(x-1)(x+1)$.

$$\frac{x^2+2x-1}{x^3-x} = \frac{A}{x} + \frac{B}{x-1} + \frac{C}{x+1}$$

El denominador es igual a acero cuando $x=-1,\,0,\,1$.
Multiplique la ecuación por $x(x^2-1)$.

$$A(x+1)(x-1) + Bx(x+1) + Cx(x-1) = x^2+2x-1$$

$x=0 \qquad -A+0B+0C = 0+0-1 = -1 \qquad \Rightarrow \qquad A=1$

$x=1 \qquad 0A+2B+0C = 1+2-1 = 2 \qquad \Rightarrow \qquad B=1$

$x=-1 \qquad 0A+0B+2C = 1-2-1 = -2 \qquad \Rightarrow \qquad C=-1$

Integre cada fracción parcial:

$$\int \frac{x^2+2x-1}{x^3-x}\,dx = \int \frac{1}{x}\,dx + \int \frac{1}{x-1}\,dx - \int \frac{1}{x+1}\,dx$$
$$= \ln|x| + \ln|x-1| - \ln|x+1| + C$$

Caso II: $Q(x)$ tiene factores lineales repetidos

Cuando alguno de los factores en el denominador es un factor lineal repetido como $(ax + b)^n$, el factor repetido se reescribe como:

$$\frac{P(x)}{(ax+b)^n} = \frac{A_1}{ax+b} + \frac{A_2}{(ax+b)^2} + \frac{A_n}{(ax+b)^n}$$

Los coeficientes $A_1, A_2, \cdots A_n$ se encuentran resolviendo ecuaciones algebraicas.

La regla de integración que se utiliza para $n \neq 1$ es:

$$\int \frac{1}{(ax+b)^n}\,dx = \frac{1}{a(-n+1)}\frac{1}{(ax+b)^{n-1}} + C$$

Ejercicio 3: Integre las siguientes funciones.

a. $\int \dfrac{x+2}{x^2+6x+9}\,dx$

El denominador tiene 1 factor lineal repetido $x^2+6x+9 = (x+3)^2$.

$$\frac{x+2}{x^2+6x+9} = \frac{A}{(x+3)} + \frac{B}{(x+3)^2}$$

Multiplique por $(x+3)^2$:

$$x+2 = A(x+3) + B$$
$$x+2 = Ax + 3A + B$$

Agrupe términos y resuelva para A y B

$x:$ $\quad A = 1$

$1:$ $\quad 3A + B = 2 \qquad\qquad B = 2 - 3A = -1$

Integre cada fracción parcial:

$$\int \frac{x+2}{(x+3)^2}\,dx = \int \frac{1}{x+3}\,dx - \int \frac{1}{(x+3)^2}\,dx$$
$$= \ln|x+3| + \frac{1}{x+3} + C$$

b. $\int \dfrac{1}{x(x+1)^2}\,dx \qquad \dfrac{1}{x(x+1)^2} = \dfrac{A}{x} + \dfrac{B}{x+1} + \dfrac{C}{(x+1)^2}$

El denominador tiene ceros en $x=0$ y $x=-1$.

$$A(x+1)^2 + Bx(x+1) + Cx = 1$$

$x = -1$ $\qquad\qquad 0A + 0B - C = 1 \qquad\qquad C = -1$

$x = 0$ $\qquad\qquad A + 0B + 0C = 1 \qquad\qquad A = 1$

Falta por encontrar B, use $x = 1$

$$4A + 2B + C = 1$$
$$2B = 1 - 4A - C = 1 - 4 + 1 = -2 \quad \Rightarrow \quad B = -1$$

Integre cada fracción parcial

$$\int \frac{1}{x(x+1)^2} \, dx = \int \frac{1}{x} dx - \int \frac{1}{x+1} dx - \int \frac{1}{(x+1)^2} dx$$
$$= \ln|x| - \ln|x+1| + \frac{1}{x+1} + C$$

Caso 3: $Q(x)$ contiene factores cuadráticos irreducibles

El denominador tiene un factor cuadrático irreducible cuando el denominador tiene raíces complejas, es decir cuando $b^2 - 4ac < 0$.

Este factor se reescribe de la siguiente forma:

$$\frac{P(x)}{ax^2 + bx + c} = \frac{A + Bx}{ax^2 + bx + c}$$

Los coeficientes A y B se encuentran algebraicamente.

Se utilizan las reglas de integración:

$$\int \frac{1}{u^2 + a^2} \, du = \frac{1}{a} \tan^{-1}\left(\frac{u}{a}\right) + C \qquad \int \frac{u}{u^2 + a^2} \, du = \frac{1}{2} \ln\left(u^2 + a^2\right) + C$$

Ejercicio 4: Integre la siguientes funciones.

a. $\int \frac{3x^2 - x - 4}{x^3 + 4x} \, dx \qquad \frac{3x^2 - x - 4}{x(x^2 + 4)} = \frac{A}{x} + \frac{Bx + C}{x^2 + 4}$

Multiplique por $x(x^2 + 4)$.

$$A(x^2 + 4) + (Bx + C)x = 3x^2 - x - 4$$
$$Ax^2 + 4A + Bx^2 + Cx = 3x^2 - x - 4$$

Agrupe términos y resuelva el siguiente sistema de ecuaciones:

$$A + B = 3 \qquad\qquad B = 3 - A = 4$$
$$C = -1 \qquad\qquad C = -1$$
$$4A = -4 \qquad\qquad A = -1$$

Integre cada término:

$$\int \frac{2x^2 - x - 4}{x^3 + 4x} \, dx = -\int \frac{1}{x} dx + \int \frac{4x}{x^2 + 4} dx - \int \frac{1}{x^2 + 4} dx$$
$$= -\ln|x| + 2\ln|x^2 + 4| - \frac{1}{2} \tan^{-1}\left(\frac{x}{2}\right) + C$$

b. $\int \dfrac{6x+3}{x^4+5x^2+4}\,dx$

Factorice $\quad x^4+5x^2+4=(x^2+1)(x^2+4)$

Los dos factores son cuadráticos irreducibles.

$$\dfrac{6x+3}{(x^2+1)(x^2+4)}=\dfrac{Ax+B}{x^2+1}+\dfrac{Cx+D}{x^2+4}$$

Multiplique por $(x^2+1)(x^2+4)$.

$$(Ax+B)(x^2+4)+(Cx+D)(x^2+1)=6x+3$$
$$Ax^3+Bx^2+4Ax+4B+Cx^3+Dx^2+Cx+D=6x+3$$

Agrupe términos y resuelva el siguiente sistema de ecuaciones:

$$\begin{aligned} A+C &= 0 & C &= -A \\ B+D &= 0 & D &= -B \\ 4A+C &= 6 & 3A &= 6 \\ 4B+D &= 3 & 3B &= 3 \end{aligned}$$

El valor de cada coeficiente es: $A=2,\ B=1,\ C-2,\ D=-1$.

Integre cada término:

$$\int \dfrac{6x+3}{(x^2+1)(x^2+4)}\,dx = \int \dfrac{2x}{x^2+1}\,dx + \int \dfrac{1}{x^2+1}\,dx - \int \dfrac{2x}{x^2+4}\,dx - \int \dfrac{1}{x^2+4}\,dx$$

$$= \ln|x^2+1| + \tan^{-1}x - \ln|x^2+4| - \dfrac{1}{2}\tan^{-1}\left(\dfrac{x}{2}\right) + C$$

Caso 4: $Q(x)$ tiene factores cuadráticos repetidos

Si $Q(x)=(ax^2+bx+c)^r$, donde el término cuadrático es irreducible, la función racional f se descompone en las siguientes fracciones parciales:

$$f(x)=\dfrac{P(x)}{Q(x)}=\dfrac{A_1x+B_1}{ax^2+bx+c}+\dfrac{A_2x+B_2}{(ax^2+bx+c)^2}+\cdots+\dfrac{A_rx+B_r}{(ax^2+bx+c)^r}$$

Ejercicio 5: Integre las siguientes funciones.

a. $\displaystyle\int \frac{16}{x(x^2+4)^2}\, dx \qquad \frac{16}{x(x^2+4)^2} = \frac{A}{x} + \frac{Bx+C}{x^2+4} + \frac{Dx+E}{(x^2+4)^2}$

Multiplique por $x(x^2+4)^2$.

$$A(x^2+4)^2 + (Bx+C)x(x^2+4) + (Dx+E)x = 16$$
$$Ax^4 + 8Ax^2 + 16A + Bx^4 + Cx^3 + 4Bx^2 + 4Cx + Dx^2 + Ex = 16$$
$$(A+B)x^4 + Cx^3 + (8A+4B+D)x^2 + (4C+E)x + 16A = 16$$

Agrupe términos y resuelva el siguiente sistema de ecuaciones:

$$\begin{array}{ll} A+B=0 & B=-A=-1 \\ C=0 & C=0 \\ 8A+4B+D=0 & D=-4B-8A=-4 \\ 4C+E=0 & E=-4C=0 \\ 16A=16 & A=1 \end{array}$$

Integre cada término:

$$\int \frac{16}{x(x^2+4)^2}\, dx = \int \frac{1}{x}\, dx - \int \frac{x}{x^2+4}\, dx - \int \frac{4x}{(x^2+4)^2}\, dx$$
$$= \ln|x| - \frac{1}{2}\ln(x^2+4) + \frac{2}{x^2+4} + C$$

b. $\displaystyle\int \frac{x^3+x^2+3x+9}{(x^2+9)^2}\, dx \qquad \frac{x^3+x^2+3x+9}{(x^2+9)^2} = \frac{Ax+B}{x^2+9} + \frac{Cx+D}{(x^2+9)^2}$

Multiplique por $(x^2+9)^2$.

$$(Ax+B)(x^2+9) + Cx+D = x^3+x^2+3x+9$$
$$Ax^3 + Bx^2 + 9Ax + 9B + Cx + D = x^3+x^2+3x+9$$

Agrupe términos y resuelva el siguiente sistema de ecuaciones:

$$\begin{array}{ll} A=1 & A=1 \\ B=1 & B=1 \\ 9A+C=3 & C=3-9A=-6 \\ 9B+D=9 & D=9-9B=0 \end{array}$$

Integre cada término:

$$\int \frac{x^3+x^2+3x+9}{(x^2+9)^2}\, dx = \int \frac{x}{x^2+9}\, dx + \int \frac{1}{x^2+9}\, dx - \int \frac{6x}{(x^2+9)^2}\, dx$$
$$= \frac{1}{2}\ln|x^2+9| + \frac{1}{3}\tan^{-1}\left(\frac{x}{3}\right) + \frac{3}{x^2+9} + C$$

División Larga y Fracciones Parciales

Si el grado del denominador es igual o menor que el grado del numerador, la fracción es conocida como una **fracción impropia**.

Por ejemplo, $\dfrac{x^4+81}{x^4-1}$ y $\dfrac{x^2+4x+2}{x-3}$ son fracciones impropias.

Realice la división larga para reescribir una fracción impropia como fracción propia.

Divida cada término del numerador $P(x)$ por el denominador $Q(x)$, cada término del numerador y del denominador debe estar ordenado en potencias descendentes.

$$Q(x) \overline{\smash{)}P(x)}^{\displaystyle S(x)}$$
$$\vdots$$
$$\overline{R(x)}$$

La división larga nos permite reescribir la función racional $f(x) = \dfrac{P(x)}{Q(x)}$ como:

$$\frac{P(x)}{Q(x)} = \overbrace{S(x)}^{cociente} + \frac{\overbrace{R(x)}^{residuo}}{\underbrace{Q(x)}_{divisor}}.$$

Ejercicio 6: Evalúe $\displaystyle\int \frac{x^4+1}{x-1}\,dx$

Realice la división larga

$$\begin{array}{r}
x^3+x^2+x+1 \\
x-1\overline{\smash{)}\,x^4+1} \\
-x^4+x^3 \\
\overline{x^3} \\
-x^3+x^2 \\
\overline{x^2} \\
-x^2+x \\
\overline{x+1} \\
-x+1 \\
\overline{2}
\end{array}$$

$$\int \frac{x^4+1}{x-1}\,dx = \int \left(x^3+x^2+x+1+\frac{2}{x-1}\right)dx$$
$$= \frac{x^4}{4}+\frac{x^3}{3}+\frac{x^2}{2}+x+2\ln|x-1|+C$$

Ejercicio 7: Evalúe las siguientes integrales

a. $\displaystyle\int \frac{x^3 - 7x - 10}{x^2 - 5x + 6}\, dx$ Realice la división larga.

$$\begin{array}{r}
x + 5 \\
x^2 - 5x + 6 \overline{)\, x^3 - 7x - 10} \\
-x^3 + 5x^2 - 6x \\
\overline{ 5x^2 - 13x - 10} \\
-5x^2 + 25x - 30 \\
\overline{ 12x - 40}
\end{array}$$

$$\int \frac{x^3 - 7x - 10}{x^2 - 5x + 6}\, dx = \int \left(x + 5 + \frac{12x - 40}{x^2 - 5x + 6} \right) dx$$

Encuentre los coeficientes:

$$\frac{12x - 40}{x^2 - 5x + 6} = \frac{A}{x - 3} + \frac{B}{x - 2}$$

$$12x - 40 = A(x - 2) + B(x - 3)$$

$x = 3:$ $-4 = A$

$x = 2:$ $-16 = -B$

Integre la función:

$$\int \frac{x^3 - 7x - 10}{x^2 - 5x + 6}\, dx = \int \left(x + 5 - \frac{4}{x - 3} + \frac{16}{x - 2} \right) dx$$

$$= \frac{x^2}{2} + 5x - 4\ln|x - 3| + 16\ln|x - 2| + C$$

b. $\displaystyle\int \frac{2x^2 + 2x + 1}{x^2 + 1}\, dt$ Realice la división larga.

$$\begin{array}{r}
2 \\
x^2 + 1 \overline{)\, 2x^2 + 2x + 1} \\
-2x^2 - 2 \\
\overline{ 2x - 1}
\end{array}$$

$$\int \frac{2x^2 + 2x + 1}{x^2 + 1}\, dx = \int \left(2 + \frac{2x}{x^2 + 1} - \frac{1}{x^2 + 1} \right) dx$$

$$= 2x + \ln|x^2 + 1| + \tan^{-1} x + C$$

A. Apéndice: Reglas Básicas de Derivación

$$\frac{d}{dx}x^n = nx^{n-1}$$

$$\frac{d}{dx}[af(x) \pm bg(x)] = af'(x) \pm bg'(x)$$

$$\frac{d}{dx}\ln x = \frac{1}{x}$$

$$\frac{d}{dx}\log_a x = \frac{1}{x \ln a}$$

$$\frac{d}{dx}e^x = e^x$$

$$\frac{d}{dx}a^x = a^x \ln a$$

$$\frac{d}{dx}\operatorname{sen} x = \cos x$$

$$\frac{d}{dx}\csc x = -\csc x \cot x$$

$$\frac{d}{dx}\cos x = -\operatorname{sen} x$$

$$\frac{d}{dx}\sec x = \sec x \tan x$$

$$\frac{d}{dx}\tan x = \sec^2 x$$

$$\frac{d}{dx}\cot x = -\csc^2 x$$

$$\frac{d}{dx}\sin^{-1} x = \frac{1}{\sqrt{1-x^2}}$$

$$\frac{d}{dx}\tan^{-1} x = \frac{1}{1+x^2}$$

Regla del Producto:
$$\frac{d}{dx}[u\,v] = u'v + uv'$$

Regla del Cociente:
$$\frac{d}{dx}\left[\frac{u}{v}\right] = \frac{u'v - uv'}{v^2}$$

Regla de la Cadena:
$$\frac{d}{dx}f[u(x)] = \frac{df}{du}\frac{du}{dx}$$

B. Apéndice: Reglas Básicas de Integración

$$\int k\, dx = kx + C \qquad\qquad \int x\, dx = \frac{1}{2}x^2 + C$$

$$\int \frac{1}{x}\, dx = \ln x + C \qquad\qquad \int x^n\, dx = \frac{x^{n+1}}{n+1} + C \quad n \neq -1$$

$$\int e^x\, dx = e^x + C \qquad\qquad \int a^x\, dx = \frac{a^x}{\ln a} + C$$

$$\int \sin x\, dx = -\cos x + C \qquad\qquad \int \cos x\, dx = \sin x + C$$

$$\int \sec^2 x\, dx = \tan x + C \qquad\qquad \int \sec x \tan x\, dx = \sec x + C$$

$$\int \csc^2 x\, dx = -\cot x + C \qquad\qquad \int \csc x \cot x\, dx = -\csc x + C$$

$$\int \frac{1}{\sqrt{a^2 - u^2}}\, du = \sin^{-1}\left(\frac{u}{a}\right) + C \qquad\qquad \int \frac{1}{a^2 + u^2}\, du = \tan^{-1}\left(\frac{u}{a}\right) + C$$

Multiplicación Constante:
$$\int k f(x)\, dx = k \int f(x)\, dx$$

Suma/ Resta Integrales:
$$\int f(x) \pm g(x)\, dx = \int f(x)\, dx \pm \int g(x)\, dx$$

Regla de la Sustitución:
$$\int f[\,g(x)\,]\, g'(x)\, dx = \int f(u)\, du$$

Integración por Partes:
$$\int f(x) g'(x)\, dx = uv - \int v\, du$$

$$u = f(x) \qquad\qquad dv = g'(x)\, dx$$
$$du = f'(x)\, dx \qquad\qquad v = g(x)$$

C. Apéndice: Resumen de las Técnicas de Integración

- Regla de la Sustitución

$$\int f(g(x))\, g'(x)\, dx = \int f(u)\, du$$

- Identidades Trigonométricas

Fundamental:	$\sin^2 x + \cos^2 x = 1$	$\cot^2 x + 1 = \csc^2 x$
	$\tan^2 x + 1 = \sec^2 x$	$\sec^2 x - 1 = \tan^2 x$
Suma Ángulos:	$\sin 2x = 2\sin x \cos x$	$\cos 2x = \cos^2 x - \sin^2 x$
Doble Ángulo:	$\sin^2 x = \tfrac{1}{2}(1 - \cos 2x)$	$\cos^2 x = \tfrac{1}{2}(1 + \cos 2x)$

- Integración Trigonométrica

    a. **Potencias Impares de Seno o Coseno:** Aparte un término $\sin x$ o $\cos x$ y utilice la identidad $\sin^2 x + \cos^2 x = 1$.

    b. **Potencias Pares de Seno o Coseno:** Utilice la identidad

    $$\sin^2 x = \tfrac{1}{2}(1 - \cos 2x) \qquad y/o \qquad \cos^2 x = \tfrac{1}{2}(1 + \cos 2x).$$

    c. **Potencia Par de secante:** Aparte $\sec^2 x$ y use $\sec^2 x = \tan^2 x + 1$.

    d. **Potencia Impar de tangente:** Aparte $\sec x \tan x$ y use $\tan^2 x = \sec^2 x - 1$.

- Sustitución Trigonométrica

    a. $x = a\sin\theta$ sustituye $a^2 - u^2$ por $a^2 \cos^2\theta$ y $dx = a\cos\theta\, d\theta$.

    b. $x = a\tan\theta$ sustituye $a^2 + u^2$ por $a^2 \sec^2\theta$ y $dx = a\sec^2\theta\, d\theta$.

    c. $x = a\sec\theta$ sustituye $u^2 - a^2$ por $a^2 \tan^2\theta$ y $dx = a\sec\theta\tan\theta\, d\theta$.

    d. En todos los casos se recomienda trazar un triángulo apropiado.

- Integración por Partes

$$\int u\, dv = uv - \int v\, du$$

Integración de Funciones Racionales

Si el grado del denominador es igual o menor que el del numerador, realice la división larga antes de simplificar la función racionales en sus fracciones parciales.

Caso 1: $Q(x)$ es producto sólo de términos lineales no repetidos

Si el denominador $Q(x)$ se puede expresar como un producto de factores lineales no repetidos,

$$Q(x) = (a_1x + b_1)(a_2x + b_2) \cdots (a_kx + b_k)$$
$$\frac{P(x)}{Q(x)} = \frac{A_1}{a_1x + b_1} + \frac{A_2}{a_2x + b_2} + \cdots + \frac{A_k}{a_kx + b_k}$$

Caso 2: $Q(x)$ es producto de términos lineales, alguno(s) repetido(s)

Cuando alguno de los factores en el denominador es un factor lineal como $(ax + b)^n$ con $n > 1$, está repetido el factor repetido se reescribe como:

$$\frac{P(x)}{(ax+b)^n} = \frac{A_1}{ax+b} + \frac{A_2}{(ax+b)^2} + \frac{A_n}{(ax+b)^n}$$

Caso 3: $Q(x)$ contiene factores cuadráticos irreducibles

El denominador tiene un factor cuadrático irreducible cuando el denominador tiene raíces complejas, es decir cuando $b^2 - 4ac < 0$.

Este factor se reescribe de la siguiente forma:

$$\frac{P(x)}{ax^2 + bx + c} = \frac{A + Bx}{ax^2 + bx + c}$$

Caso 4: $Q(x)$ tiene factores cuadráticos repetidos

Si $Q(x) = (ax^2 + bx + c)^r$, donde el término cuadrático es irreducible, la función racional f se descompone en las siguientes fracciones parciales:

$$f(x) = \frac{P(x)}{Q(x)} = \frac{A_1x + B_1}{ax^2 + bx + c} + \frac{A_2x + B_2}{(ax^2 + bx + c)^2} + \cdots + \frac{A_rx + B_r}{(ax^2 + bx + c)^r}$$

Cada término se integra utilizando la integral para logaritmos, potencias o tangente inverso.

$$\int \frac{1}{ax+b}\,dx = \tfrac{1}{a}\ln|ax+b| + C \qquad \int \frac{1}{(ax+b)^n}\,dx = \frac{1}{a(-n+1)}\frac{1}{(ax+b)^{n-1}} + C$$

$$\int \frac{1}{u^2+a^2}\,du = \tfrac{1}{a}\tan^{-1}\left(\frac{u}{a}\right) + C \qquad \int \frac{u}{u^2+a^2}\,du = \tfrac{1}{2}\ln\left(u^2+a^2\right) + C$$

D. Apéndice: Funciones Trigonométricas Inversas [3] (1.5)

Función Seno Restringida y Seno Inverso

$$y = \operatorname{sen} x$$

No es una función uno a uno.

lo es si se restringe su dominio a $\left[-\dfrac{\pi}{2}, \dfrac{\pi}{2}\right]$.

Esta función restringida es una función impar.

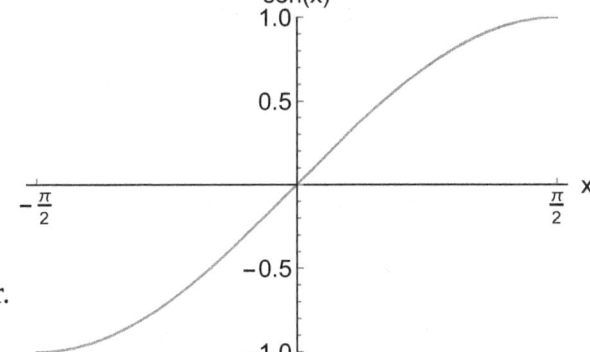

La inversa del seno restringido se conoce como **seno inverso**, denotada como $\operatorname{sen}^{-1} x$ ó $\operatorname{arc\,sen} x$.

$$y = \operatorname{sen}^{-1} x = \arcsin x$$

Dominio: $[-1, 1]$
Rango: $\left[-\dfrac{\pi}{2}, \dfrac{\pi}{2}\right]$

Interceptos en x y y: $(0, 0)$

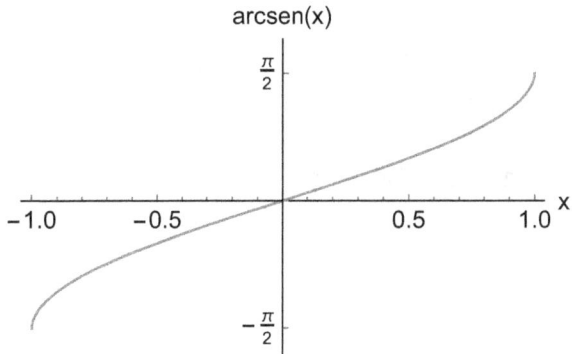

Ecuaciones de Cancelación

$$\sin^{-1}(\sin x) = x \quad \text{si} \quad -\dfrac{\pi}{2} \leqslant x \leqslant \dfrac{\pi}{2}$$

$$\sin(\sin^{-1} x) = x \quad \text{si} \quad -1 \leqslant x \leqslant 1$$

Función Coseno Restringida y Coseno Inverso

$$y = \sin x$$

No es una función uno a uno.

lo es si se restringe su dominio a $[0, \pi)$.

La función coseno restringida deja de ser una función par.

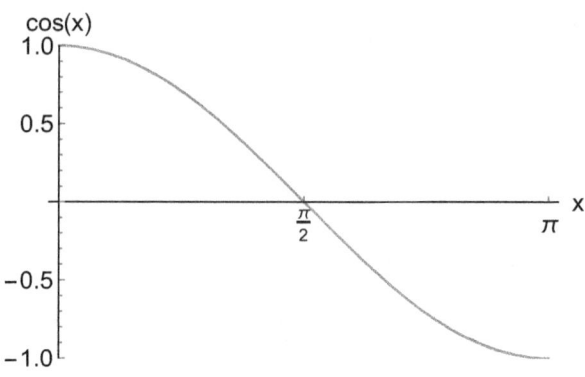

La inversa del coseno restringido se conoce como **coseno inverso** y es denotada como $\cos^{-1} x$ ó $\arccos x$.

$$y = \cos^{-1} x = \arccos x$$

Dominio: $[-1, 1]$
Rango: $[0, \pi]$

Interceptos en y: $(0, \pi/2)$
Interceptos en x: $(1, 0)$

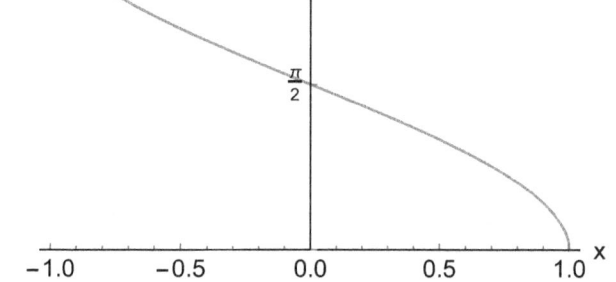

Ecuaciones de Cancelación

$$\cos^{-1}(\cos x) = x \qquad \text{si} \qquad 0 \leqslant x \leqslant \pi$$
$$\cos(\cos^{-1} x) = x \qquad \text{si} \qquad -1 \leqslant x \leqslant 1$$

Función Tangente Restringida y Tangente Inverso

$$y = \tan x = \frac{\sin x}{\cos x}$$

No es una función uno a uno.

lo es si se restringe su dominio a $\left(-\frac{\pi}{2}, \frac{\pi}{2}\right)$.

Esta función restringida es una función impar.

Además tiene AVs en $x = \pm\frac{\pi}{2}$.

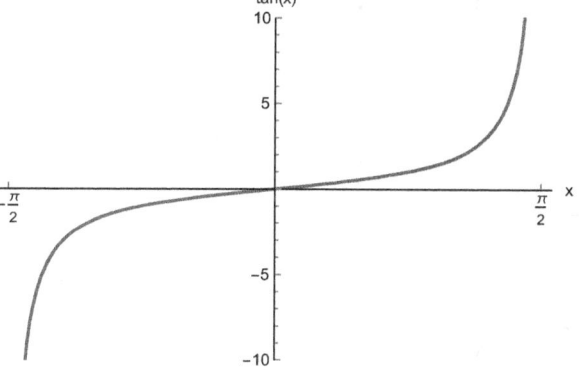

La inversa del tangente restringido se conoce como **tangente inverso**, denotada como $\tan^{-1} x$ ó $\arctan x$.

$$y = \tan^{-1} x = \arctan x$$

Dominio: $\mathbb{R}$

Rango: $\left(-\frac{\pi}{2}, \frac{\pi}{2}\right)$

Asíntotas Horizontales $\quad y = \pm\frac{\pi}{2}$

Interceptos en x y y $\quad (0,0)$

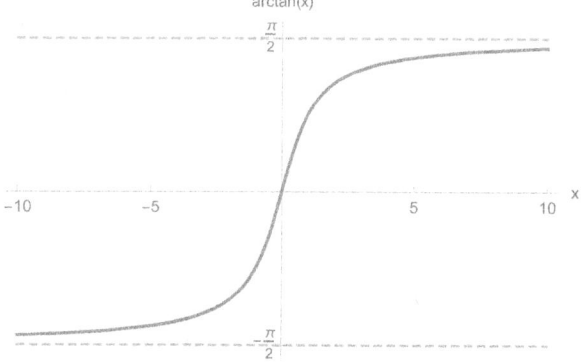

También es un función impar y tiene los siguientes límites infinitos:

$$\lim_{x \to -\infty} \tan^{-1} x = -\frac{\pi}{2}, \qquad \lim_{x \to \infty} \tan^{-1} x = \frac{\pi}{2}.$$

Ambas funciones intercambian sus dominios y sus asíntotas.

Ecuaciones de Cancelación

$$\tan^{-1}(\tan x) = x \qquad \text{si} \qquad -\frac{\pi}{2} \leq x \leq \frac{\pi}{2}$$
$$\tan(\tan^{-1} x) = x$$

Para simplificar expresiones como $\sin(\cos^{-1} x)$ es necesario utilizar trigonometría.

Ejercicio 1: Evalúe las siguientes expresiones.

a. $\cos^{-1}\left(\dfrac{\sqrt{3}}{2}\right) = \dfrac{\pi}{6}$

  Reescriba como $\dfrac{\sqrt{3}}{2} = \cos y$ y recuerde que $\cos\left(\dfrac{\pi}{6}\right) = \dfrac{\sqrt{3}}{2}$

b. $\arctan(1)$

c. $\cos(\cos^{-1}(0.5))$

Ejercicio 2: Simplifique las siguientes expresiones. Construya un triángulo apropiado.

a. $\cos(\sin^{-1} x)$

b. $\cos(\tan^{-1} x)$

Referencias

[1] COFIÑO, J. L. *Métodos de Integración*. Editorial Arje, Miami, EEUU, 2018.

[2] HAEUSSLER, E., PAUL, R., AND WOOD, R. *Matemáticas para administración y economía*, 13ra ed. Editorial Pearson, México, 2015.

[3] STEWART, J. *Cálculo, Trascendentes Tempranas*, 7ma ed. Cengage Learning, México, 2012.

www.ingramcontent.com/pod-product-compliance
Lightning Source LLC
Chambersburg PA
CBHW081430220526
45466CB00008B/2328